BCG 思考入門課

入職 3 年,
勝過別人 10 年的 99 種思維方式

高松智史——著　陳靖涵——譯

顧問的思考邏輯和素養
當然都不是「才華」，
而是「扎實的技術」。

不論在質或量上面，顧問的「最初三年」扎實到不像真的一樣。雖然有時代背景的差異，變化也日新月異，顧問仍然需要花上許多時間「工作」。我喜歡熬夜，有時週六、週日也會工作。

有件事很容易被忽略，那就是顧問工作的「質」在結構上也很扎實。

- 顧問公司的商品只有「思考」，沒有大家都想要的產品，也沒有大家都想用的服務，因此……很扎實。
- 客戶遇到的難題＝要挑戰「沒有答案」的遊戲，於是公司內部不拘泥於上下關係，在每天「吵吵鬧鬧，有時還會破口大罵」的過程中爭執不斷，因此……很扎實。
- 每間公司的扎實程度有所不同，不過還是會在「升遷或離開」（＝必須在有限的時間內升遷，否則會被開除）的愉快與緊張感中，彼此切磋琢磨，因此……很扎實。

我在寫顧問的思考邏輯與素養這樣「扎實的技術」時，不是以抽象的方式表現，而是以具體且寫實的方式為主軸，並在中間穿插實例。所以儘管主語是「我（BCG）」，但各位在閱讀時替換成「顧問（公司）」也沒問題。

我以「不要○○，□□吧」的形式分別寫了 99 ＋ 5 個項目，因此就算沒有把書全部看完，「一點一滴」地閱讀也能改變行動。

我故意用「說話的語調」，一種彷彿我正在你們面前演講，讓你們比較好抓到感覺的方式來書寫，這樣讀起來不容易膩，也比較容易留下印象。

本書是我想分享給所有商務人士的「扎實的」技術。
請各位好好享受閱讀《BCG 思考入門課》的時光。

CONTENTS

「無法再經歷一次」
被鞭策的第 1 年

「驕傲自負」⇔「信心受挫」
來回反覆的第 2 年

「提供附加價值」
正面對決的第 3 年

「產出多一位數的價值」
挑戰當一名經理的第 4 年

1

「無法再經歷一次」
被鞭策的第 1 年

我在 BCG 經歷的一切全都不一樣，不論是思考邏輯還是做事方法，完全是「顧問的思考邏輯及做事方法」，我當時空有滿腔熱血，什麼都不懂，但現在回想起來，「顧問的思考邏輯及做事方法」毫無疑問是「最棒且最性感的思考邏輯及做事方法」，它不只對顧問有用，商務人士學會後一定能獲得壓倒性的勝利。

　　我接下來想把「最棒且最性感的思考邏輯及做事方法」全都傳授給大家，我領悟到的「顧問的思考邏輯及做事方法」，是從人生無法再經歷一次且最精采的一年＝最棒的師父們鞭策我，加上每週熬夜兩天並把週末全投資下去「釀造」出來的。

　　我在 BCG 的日子真的過得很開心，那時我沒有當顧問的技巧卻有「好運」，尤其是有好運能吸引到最棒的師父。

- BCG 裡對智識要求最嚴格而且是我最喜歡的師父＝加藤廣亮先生。
- 於公於私都對我很照顧，我和他約好「假如有天你成為 BCG 的 OA（日本分公司的總經理），我就復職」，結果他在不知不覺間變成了 OA ＝佐佐木靖先生。
- 在眾多「聰明卻無趣」的顧問中，同時擁有強大商業頭腦的天才＝市井茂樹先生。
- 因為他的腦袋轉得太快，讓我第一次體驗到對方明明講的是日文，我卻聽不懂的情況＝杉田浩章先生。
- 主張「熱血地去過輕鬆取勝的人生吧」的 BCG 傑出人士＝水越豐先生。

我與他們的「距離」很近，因此能就近學到很多東西，更重要的是我很享受這個過程，我想要藉由本書把我在 BCG 工作的日子中學到的，以及在那之後透過講座化為言語並磨練得更精湛的「顧問的思考邏輯及做事方法」傳授給大家。

　　那麼，我要開始嘍。
　　成為顧問的第 1 年，正式開始。

000

顧問的思考邏輯和做事方法

VS

顧問

我討厭顧問，但喜歡顧問的思考邏輯。

　　顧問很不受歡迎，不對，應該說大家討厭顧問的程度就好像顧問受到了詛咒一樣。說起來根本搞不懂顧問在做什麼，不僅總是一副高高在上的樣子，還感覺「陰沉沉的」，一天到晚擺出諷刺的態度，討人厭的地方多到數不清，顧問已經惹人厭到可以用「在Twitter 上最常被挖苦、遭受批判的就是顧問！」這句話來形容了。

　　我也這麼覺得。

就算討厭我，也請不要討厭顧問★。　　　　　　　　　　　可是我討厭顧問。

★ 譯註：作者改編自前田敦子的名言：「就算討厭我，也請不要討厭 AKB48。」

這裡有本書要傳遞的第一個「Message」。（＝想要傳達的事。會在這種時候使用外語，可能也是顧問被討厭的理由之一。）

即使討厭顧問，也請不要討厭顧問的思考邏輯和做事方法。

該說當顧問少不了「被鞭策」嗎，除了顧問在無時無刻都會被客戶和主管（顧問用語中的 MD〔Managing director〕或 M〔Manager〕）「斥責」的環境下磨練出來的「思考技術」及「做事方法與素養」外，所有的商務人士若是能學會「產生附加價值的方法」，我相信你們未來絕對會過得更好。

因此我希望能藉由這本書——

讓你們「喜歡」上顧問的思考邏輯和做事方法，並且希望你們能到達「因為喜歡，所以學得好」的境界。

有人從顧問畢業後（＝在顧問業稱辭職為「畢業」，有對過去的「鞭策」既往不咎的文化），以新創企業的 CxO 和製造業的管理階層身分做得有聲有色，那是因為他把「顧問的思考邏輯、做事方法」作為武器，發揮出了它們的價值。

更重要的是，各位，正在閱讀本書的你們應該都具備了顧問想要擁有卻沒有的才能，比方「活潑開朗」、「坦率」等等，各位要是擁有了「顧問的思考邏輯及做事方法」這項武器，不用我多說，你一定會成為最棒且性感的商務人士，這點我非常肯定。

各位無與倫比的才能＋「顧問的思考邏輯、做事方法」＝最棒的商務人士！

接下來，請讓我仔細地傳授 99 個 ＋ α 的「顧問的思考邏輯及做事方法」。

本書的書名雖然是「最初 3 年」，但因為是「不斷被鞭策、斥責」的三年，我覺得**以扎實程度來說與「工作 10 年」不相上下**，所以即使是在製造業待了 10 年的人，也可以用複習兼想要有新發現的心情來閱讀本書，完全不會有問題。

　　此外，我的文章雖然是「講座的形式」，但不會是「大人寫的那種無聊文章」，而是特意把它寫成「能讓人覺得有趣並留下印象的文章」，我會用口語化或演講的語氣來使用詞彙，比方「性感＝很棒、優秀」、「廢物＝不值得一提」等等。

　　想知道我實際講話是什麼感覺的人，請務必去看下方的 YouTube 頻道「思考的引擎頻道」。

https://www.youtube.com/channel/UCKYzluBJPjqoIHOX7Nl8oZA

　　那麼，講座差不多該開始了。

> BCG 思考入門課。
> 起立，立正、敬禮！
> 請大家多多指教。

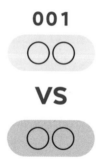

001

VS

VS ＝我雖然不喜歡鬥爭，
但卻是對思考的「VS」喜歡到不行的粉絲。

當我在想「該從哪說起」時，腦中突然浮現的是下方這個會讓看本書目錄的人覺得「這個人到底有多喜歡 VS ＝多想要對決啊」的排列方式。

○○ VS ○○。

我本來想等到「068 的標題」再來好好解釋，那麼做其實是很棒的「顧問的思考邏輯及做事方法」，但為了讓大家更好理解本書，我最後把「○○ VS ○○」訂為 001 的主題。

我接著開始說明吧。

我們通常會在做決策時使用這個形式，不過假如我們想要更了解一件事物，在思考時使用後會讓人想得更深入透徹的思考方法就是這個○○ VS ○○。

如果要我選出時下最接近的字眼，應該是「二元對立」，可是

這個用詞有點艱澀，所以我都用「VS 思考」或「對立思考」來稱呼它。

我舉個例子，假設因為世界不斷在變化，你們必須要討論如何讓既有事業轉型或做轉換，這時你要是馬上隨便對參加者提出「改成這樣比較好！」的意見，肯定會演變成有人跳出來說「那確實也是一種見解，不過我不這麼覺得」的局面。

這種時候請大家徹底運用「VS 思考」，開始把以下的項目寫在白板上，又或者你要是能事先在「紙」上準備好草稿，你就可以成為這場討論的贏家。

世界不斷在變化，如何讓既有事業轉型或做轉換？
用來思考事業轉換的「7 個 VS」

① 範圍大且淺層（目標對象）**VS** 聚焦且深入（目標對象）

② 客單價（短期的現金）**VS** 客戶終身價值（中長期的現金）

③ 既存服務的軸轉★到極限 **VS** 新服務和可以發展到飛地☆

④ 一次性買斷 **VS** 訂閱制或定期購買

⑤ （KPI）銷售額和利潤 **VS** 顧客忠誠度

⑥ 自家公司或自己負擔 **VS** 合作或收購

⑦ 總經理想的案件（預算無上限）**VS** 一般的案件（預算有上限）

★ 軸轉即修改既存產品、服務的發展方向。
☆ 飛地原指行政上屬於甲，卻位在乙地的土地。這邊指的是發展和既有事業無關的事業，多角化經營。

看圖應該就能想像會議討論得多熱烈。

有趣的是，人是一種只要用「VS」來表示，就會任意做出選擇的動物，所以為了讓我們在思考時不要忘記使用「VS 思考」，**本書全部的項目和所有想傳達的訊息，我都採用了「VS」的形式來寫。**

比起不明確的說明，不如使用 VS 思考，換句話說就是──

不要○○，○○比較好。

順道一提，這個「VS 思考」是我在 BCG 工作時，跟當時專案的 MD 杉田浩章先生（他現在是早稻田商學院的老師）學來的技術。怪物級的顧問和商務人士不只會使用這個技巧，還會「下意識且自然而然地」使用其他像這樣的技巧，因此就算向他們問起，也只會被帶過，得到「咦？我有說過那種話嗎？」的回答，完全不會被當作技巧傳播出去，這也是我為什麼會想透過這本書把技巧文字化，然後推廣出去的原因之一。

總結來說，「○○ VS ○○」會在本書所有的章節出現，所以你應該很快會習慣，習慣之後就能下意識地使用「VS 思考」，本書即是以這樣的方式設計而成，請各位享受閱讀的過程。

人在「比較」中理解，
思考邏輯和做事方法也是同個道理，
VS 是理解的基礎。

　　　　　　　　「無法再經歷一次」被鞭策的第 1 年

002

要怎麼想才合理？

VS

抱怨、抱怨、抱怨

「合理思考」會是最棒的武器。

　　這個思考邏輯不僅是年輕人必備，假如你會和幹部或部長＋職位非常高的人共事也一定要學起來，這個思考邏輯就是「合理思考」。

　　如果要我把合理思考的定義特別寫下來，就會像下面這樣。

> ・在工作或私下感覺到「奇怪？這和剛才說的不一樣吧？」或者是「和自己想的完全相反」時，應該要立刻使用的思考邏輯。
> ・具體指的是在感覺到「不對！」且想要「抱怨」前，深入思考「要怎麼想才合理？」的方法。
> ・如果換一個方式形容，它指的是一種優美的行動模式，也就是你會認知到自己沒發現「某種前提或最近發生的變化」，並且想要去把它找出來。

　　舉例來說，你和主管討論完後總結出「不需要這個程序了，不做也可以」的隔天，你一大早被主管叫了過去，然後主管告訴你說：

「還是請你去做那個程序吧，動作快」。

這時如果沒有合理思考，一般會出現以下的反應。

既然都要做，幹嘛不昨天說（真是夠了）。
這和昨天說好的不一樣啊！
（這個主管工作能力真差，或者該說他真討人厭。）

做 A 方案。

改成 A2 方案。

還是做 A 方案好了。

　　畢竟主管突然改變說法，自然會讓人產生「我抱怨也是合情合理吧！」的感覺，如果是性情溫和的人，或許會用一句「我明白了」輕輕帶過。

　　不過你有這些反應不代表你會被主管討厭或變成失敗的下屬，而是淪為三流了。

　　那麼，我們應該要怎麼做才好呢？

　　首先是「心境」，請你先用下方的方式思考看看。

奇怪，主管的意見變得和昨天完全相反。

以常識和一般狀況來看，討論完的內容不太可能在「短短一天內」變成完全相反的意見，我必須從「要怎麼想才合理？」來反覆思考

「無法再經歷一次」被鞭策的第 1 年

這個狀況，這雖然只是我的假設，但「主管昨晚是不是有去聚餐，從某人身上獲得了某些情報？」又或者是「發生了我不知道的事件，沒錯，也許發生了幹部辭職之類的環境改變？」。

你接著可以這麼回覆：

「我明白了，應該是昨天到今天這段期間內有從某人那獲得情報，或者是環境有所改變吧？」

如此一來主管應該也會想說**「你很懂嘛」**。

然後補充說明：

「謝謝你！事情就是這樣，其實原本預定不參加的幹部田中先生突然要參加，我想和他討論這件事，所以才決定又要做那個程序。」

這麼做之後，你甚至可以學習到變化後的「背景」＝主管的思考邏輯，所以我才會說不帶任何情緒且成熟地用「我明白了」帶過也不好。

總之為了讓事業發展成功順遂外加獲得晉升機會，一邊把自己不僅與對方立場不同，掌握的情報量也不一樣放在心裡，一邊去推測對方的想法是很重要的事。

當你學會補充說明避免誤會，還有成為合理思考的使用者後會更早晉升是因為──

你不是單純做一個聽主管話的「Yes Man」，而是透過合理思考理解主管藏在背後的「思考邏輯」，再把它融入自己的「思考邏輯」。

注意這裡不要搞錯一件事。

在複雜的變化中需要的不是「Yes Man」，而是「合理思考Man」。

所以各位，讓我們成為「合理思考 Man」吧。

總結來說，本書從頭到尾都會以這個模式往下介紹。

我會穿插提到像是001的「顧問的思考邏輯」和002那樣的「顧問的做事方法及素養」進行演講，或者該說傳授技巧給各位。

基本上標題的「數字」越大越是在最初3年的後半學到和必須做的事，願意配合的大家請從前面開始往後閱讀，應該學起來會比較容易。

請各位要意識到，
自己與主管的「立場」不同，
在抱怨前先用「合理思考」好好想想。

　　　　　　　　　「無法再經歷一次」被鞭策的第 1 年

003

諮詢 ＋ 報告。

VS

諮詢。

每次「諮詢」時，
你或許正在失去他人對你的信任。

各位應該注意到了吧？

那個你在看這次的標題時，會發現那個加在後面顯得很突兀的東西。

沒錯，就是「。＝句號」。

尤其我們年輕時常會「諮詢」別人的意見，不論是關於工作還是轉職，甚至感情方面的事也會去諮詢他人，因為年紀還輕，可以沒有顧慮地向長輩諮詢，這是一件很棒的事，不過這裡面有個陷阱，而且很多人都中了那個陷阱，這令我感到十分難過，那就是**諮詢完對方後沒再理會的陷阱**。

舉例來說，假設各位明天將會有一場面試，為了那場面試，你去諮詢前輩想獲得一些建議，這是很常有的事。

在得到確切的建議後，你最後當然會高聲地對前輩說：

「我會參考前輩的建議好好加油的！」

結果你卻在面試完後神清氣爽，完全把諮詢視為「過去式」，再也沒有想起。隨後惡夢來了，假設一段時間後你碰巧遇到諮詢過的對象，對方向你問道：

「對了，你找我諮詢的那件事後來怎麼樣了？」

就在這個瞬間，接受你諮詢的人會覺得「他明明來找我諮詢，卻是個不會報告後續結果的人，我下次不要再讓他諮詢了」，默默在心中做出決定，你或許會覺得那麼想的人是「性格不好的傢伙」，然而每個人在人生這條路上其實都「忙到沒有空管別人的事」，所以你下次找他諮詢時，他會下意識地萌生「好麻煩，之後再說吧」的想法。

有鑑於此，諮詢他人時最後一定要說出這句話：

「我會參考前輩的建議好好加油的！我之後會再跟您報告結果。」

那個「報告」才會真正地強化你與被諮詢者的連結，讓你們之間昇華成他會願意經常給你建議的關係，最終你也會變得比較好找對方做諮詢。

簡單來說，諮詢的定義如下。

用諮詢做結尾，沒有畫下句點，

用諮詢＋報告做結尾，才是畫下句點。

這就是為什麼我會用下面這句話當作標題。

我都特別讓你諮詢了……

諮詢 + 報告。 VS 諮詢。

請大家不要搞錯畫下句點的方式。

我接下來要談的內容偏向應用層面，不只是「諮詢」要這麼做，「介紹」也是同一個道理。

請人介紹＋報告。 VS 請人介紹。

當你詢問「你知道哪裡有好的餐廳嗎？」獲得他人介紹時也是一樣，此外如果有前輩在你煩惱時替你引薦「認識的人」，你真的要謹慎處理，「＋報告。」是絕對不能少的步驟。

對方介紹的是人時，你必須要做的事會更多，假設有困擾的人是田中先生，接受他諮詢的人是我——高松，然後我介紹的人是平井先生。

①首先，田中先生定下和高松介紹的人＝平井先生談話的日子後，要馬上聯繫介紹人＝高松，如果不這麼做，介紹人＝高松就沒辦法在必要時告訴平井先生「田中先生的事就麻煩你了」。

②更重要的是諮詢結束後，田中先生要把內容與介紹人＝高松共享，最好還要加上一句「我之後也會再向平井先生道謝，如果有機會，希望您能幫我轉告他『您真的非常親切，和您聊得很高興』」。

這樣一來全都安排好了，藉由做出上述的行為，不僅「困擾的人田中先生」會開心，這一件事也會讓——

接受諮詢的人（＝高松）與他介紹的人（＝平井先生）關係變得更緊密。

這樣不只是接受諮詢的人萌生「田中先生，謝謝你找我諮詢」

只有諮詢是不行的～

的感覺，讓兩人的關係變好，也真的是三方都得到了好處。

　　我想不需要我多說，你要是偷懶少做任何一項「報告」，都不會產生這個循環，介紹人以後也不會再介紹任何人給你，因為他會想到「這個人總有一天會做出失禮的事」。

> 所以請各位
> 絕對不要搞錯
> 畫句點的方式。

004
先回答議題（問題）
VS
想到什麼回答什麼

大家是不是在不知不覺中離題了？
了解回答問題的難處。

　　我接下來要談的是「溝通的鐵則」，這也是職場的基本功，可惜即使是累積了 20 年工作經驗的人，也還是「有很多人做不到」，因此趁現在學起來對你會有所幫助。

　　我在教人溝通的鐵則時，一定會引用英文最具代表性的對話「How are you? → I'm fine!」所以我都用下面這個方式來稱呼這個法則。

How are you? I'm fine! 法則。

　　我接著繼續說明。

　　小學時，不對，我們變成大人後也常聽到這句話吧？

「請你好好回答問題！」

每個人應該都有被人用這句話罵過的經驗，接下來我會說明這句「好好回答問題」指的是什麼意思，以及要怎麼把它技術化。

　　雖然是很老套的回應，但各位聽到「How are you?」時，通常會回答「I'm fine!」。而「I'm fine!」這個答案確切地回答了「How are you?」的議題。

　　可是如果沒有回答「I'm fine!」而是回答「I'm busy!」就沒有回答到議題，這樣的回答雖然從對話的角度來說也是可以溝通，卻沒有回答到議題。

　　這邊出一個小測驗來考考大家。

　　當被問「有晚餐吃嗎？」時，媽媽會怎麼回答的小測驗！

　　我們要怎麼判斷「有回答到議題或沒有回答到議題」呢？被問問題時，要如何「不在回答後（說話後）」，而是「回答前（說話前）」做出判斷呢？

　　我用以下的例子來做說明。

小學生小智在四谷的南元公園打棒球打到下午五點回家，
小智一回家就向媽媽提出了問題。

小智：「有晚餐吃嗎？」

媽媽：「有漢堡排喔。」

小智：「（……我要問的不是這個）。」

隔天，小智又去南元公園打棒球打到下午五點回家，他一回家就向媽媽提出問題。

小智：「有晚餐吃嗎？」

媽媽：「有喔。」

小智：「知道了～～（今天有回答到我的問題）。」

「無法再經歷一次」被鞭策的第 1 年

好，問題來了。要用什麼樣的方式思考，才能在「發言之前」做判斷呢？

順便說一下，「因為題目是封閉式問題」這類的答案是錯的，這個判斷方式也能用在開放式問題上。

那麼我接著做出解釋。

正解如下。

確認「是否能從答案（回答的話）反推回問題呢？」。

我這麼說你可能就懂了，這真的是最強的「有回答到議題或沒有回答到議題」的石蕊試紙。

假如媽媽說的是「有漢堡排喔」，反推回去不是「有晚餐吃嗎？」而是「晚餐吃什麼？」的問題，另一方面如果是回答「有喔」，就可以反推回「有晚餐吃嗎？」。

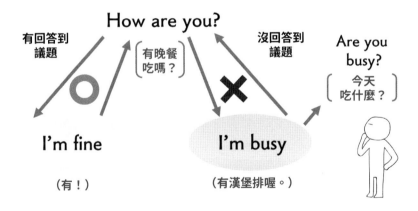

我們接著也把這個確認方法用在「How are you? → I'm fine!」法則上。

假如「I'm fine!」是答案，可以反推回「How are you?」對吧？
另一方面如果回答「I'm busy!」沒辦法反推回「How are you?」而是
會反推到「Are you busy?」這個問題，沒有回答到議題，這就是確認
的過程。

在商務上會用以下的說法來形容「沒有回答到議題」這件事。

偏離議題。（又或者是離題）

被問問題時一定要確認「是否能從回答（回應）反推回問
題？」，請務必記住這一點。

最後我想出個小測驗做確認。

當你的朋友被問「你會說英文嗎？」時，朋友的回答小測驗！

> 你問朋友「你會說英文嗎？」，隨後朋友回答「會說一點」。
> 好了，請你在想好這句發言是「有回答到議題」還是「離
> 題」後，回答你為什麼會這麼認為。

你已經知道答案了吧？

當然是「離題」了。

嘗試做判斷後，我們會發現「會說一點」無法反推回「你會說
英文嗎？」而是反推回「你會說多少英文？」的問題，如果你遇到
「我不想離題，可是我也想表達『會一點』」這種無論如何都想補
充說明的狀況，請你這麼回答：

「會，我會說一點英文。」

回答議題後就是「你的時間」，你可以自由地表達，不需要在
意議題，就像「先回答議題（問題）」這句話有加上「先」一樣，

帶有優先回答議題的意涵。

與問題（議題）無關的事，請記得要「先回答問題後再說」，等回答完議題後再來說與問題無關的「閒聊」！

請各位牢記下面這句口號。

How are you? I'm fine! 法則是絕對的。閒聊要在 I'm fine 之後！

這個真的是職場的基本功，可惜一直以來大部分的人都「做不到」，因此我希望大家一定要去做一件事，那就是——

尋找 I'm busy man。

或許已經有人明白我這麼做的用意了，回答「I'm busy!」沒有回答到議題且偏離議題，我從這點衍生出新名詞，用以下方式稱呼沒有回答議題且沒有掌握到重點的人。

I'm busy man!

舉例來說，你可以在自己不用發言的會議裡，比平時更仔細聆聽參加者的問答，判斷他們是否有回答到議題，這就是「尋找 I'm busy man」。

你會找到很多 I'm busy man 喔！

我們要借鑑他人，修正自己的行為。
請徹底熟悉這項在當顧問和工作上都通用的做事方法，
讓它變成本能反應。

005

以「結構」為主角的說話方式

VS

以「價值（內容）」為主角的說話方式

有辦法回答問題後，
要把「結構與價值」分開談＝變得會說話的訣竅！

不論是顧問還是商務人士，甚至人生可能也是同個道理，你如果想要馬上達到效果——

要整理好外觀，而非內部。

會這樣也是理所當然，要整理好內部本來就不容易，更重要的是其他人看不到。正是因為如此，我們在「學東西時」應該從他人容易看出變化的地方下手。

依照這個道理，比起顧問的思考邏輯和精神，先著手改變他人容易看見的「行動」會比較快達到效果，這項行動的代名詞，或者該說你要先改變的地方是以下這點。

說話方式。只要改變說話方式，就會讓人覺得你工作能力很強。

所以我才會接在「004」後，把說話方式也定為「005」的主題。

首先，我們在理解「說話方式」時需要意識到兩件事，那就是在標題也有登場的**結構與價值（內容）**，只要意識到這兩點，任誰的說話方式都會變得很有條理。

我想用最常見的問題「你的興趣是什麼？」來解說怎樣的說話方式很性感。

當你被問到「你的興趣是什麼？」時，像下方這樣回答即是其中一種性感的示範。

> 我的興趣大致有 3 個。
> 第 1 個是「我正在跟 Tri-Force 大島的石毛老師學習」的巴西柔術。
> 第 2 個是「一個月會心血來潮畫 1 次」的瓦楞紙藝術。
> 第 3 個是「最近打的機會變少，變成專門在看」的麻將。
> 尤其是第 1 個的巴西柔術因為有石毛老師指導，我一個禮拜會去 5 次，變成了我生活和人生的重心。

就是這樣，這完全是我希望大家以後可以自然而然做到的以「**結構**」為主角的說話方式。

結構指的是在談話中相當於「骨骼」、「架構」的部分，像下方標出來的部分即是這個範例的結構。

> 我的興趣**大致有 3 個**。
> **第 1 個是**「我正在跟 Tri-Force 大島的石毛老師學習」的巴西柔術。
> **第 2 個是**「一個月會心血來潮畫 1 次」的瓦楞紙藝術。
> **第 3 個是**「最近打的機會變少，變成專門在看」的麻將。

尤其是第 1 個的巴西柔術因為有石毛老師指導，我一個禮拜會去 5 次，變成了我生活和人生的重心。

由於結構是主角，用「先」結構「後」價值（內容）的方式闡述會最好。

同時我也放上表達方式不佳的示範給大家參考，範例內容如下。

我的興趣是「正在跟 Tri-Force 大島的石毛老師學習」的巴西柔術，巴西柔術因為有石毛老師指導，我一個禮拜會去 5 次，變成了我生活和人生的重心。
除此之外，我的興趣還有「一個月會心血來潮畫 1 次」的瓦楞紙藝術，以及「最近打的機會變少，變成專門在看」的麻將。

這是以**「價值（內容）」為主角，表達方式不佳的說話方式**，比較過後差異一目了然。

話題回到「好的說話方式」，這種「大致有 3 個」的說話方式，目前可以說是顧問的代名詞，私下使用雖然會有點討人厭，但請你務必要練習到能在工作上運用自如。

那麼，讓我們在最後做一個練習吧。

大家覺得（印象也可以）「顧問討人厭的地方」有哪些？

請各位用以「結構」為主角的說話方式來回答這題。

顧問討人厭的地方大致有 4 個。
第 1 個是「動不動」就提到有 3 個。
第 2 個是「動不動」就提到這是 MECE 吧？

第 3 個是「動不動」就提到我們 Firm，用 Firm 來稱呼自己的公司。
第 4 個是「動不動」就提到片假名英文，比方アグリー（agree）之類的。
尤其是第 4 個真的很討人厭，聽到他們說「アグリーです（agree）」或「アブソリュートリー アグリーです（Absolutely agree）」時很想打他們。

　　像這樣的回答方式就是以「結構」為主角，回答得非常好。綜合我以上所說，請大家先著手整頓「說話方式」，實際感受到自己的成長吧。

　　話說回來，可能是節奏感或感覺的問題，不過盡量不要使用「超過 4」的數字，要用也是用「2 個」或「3 個」，另外結構當然是「為了整理 2 個以上事物而誕生」的好方法，**因此想說的事情只有 1 個時，不會說「大致有 1 個」**（有的年輕顧問會一時衝動說出口）。

顧問動不動就提到「大致有 3 個」有它的用意，所以你可以有樣學樣。

006

用「類別」展示結構的說話方式

VS

用「數字」展示結構的說話方式

會説「大致有 3 個」的顧問
還不成氣候。

身為一名顧問，在「最初 3 年」第一優先要學會的無疑是「說話方式」，如果一定要我來形容完全掌握 004 和 005 內容的各位，差不多是這樣的感覺。

顧問説話方式檢定：初級。

我想在這次的 006 把大家的說話方式提升到上級。

接下來我要用之前用過的例子來做示範。

我的興趣大致有 3 個。

第 1 個是「我正在跟 Tri-Force 大島的石毛老師學習」的巴西柔術。

第 2 個是「一個月會心血來潮畫 1 次」的瓦楞紙藝術。

第 3 個是「最近打的機會變少，變成專門在看」的麻將。

尤其是第 1 個的巴西柔術因為有石毛老師指導，我一個禮拜會去 5 次，變成了我生活和人生的重心。

這種說話方式的「結構」會比價值先出現，完全是以「結構」為主角的說話方式，

換個方式形容也可以說它是**用「數字」展示結構的說話方式**。

用「數字」展示結構時，比方因為你會提到「大致有 3 個」，在你說話前對方就會做好準備「會有 3 段話」，能夠讓對方仔細聆聽並做好接球的準備。

可是這麼做也有缺點，那就是以下這點。

對方不知道你會說出什麼樣的話。
不知道你會丟出怎樣的球。

關於這部分有個進化的關鍵，能夠巧妙地改良的做法就是——

用「類別」展示結構的說話方式。

我們沿用前面的範例，實際把結構分出類別，讓它進化看看。

> 我**戶外和室內**分別有不同的興趣。
> **戶外**的興趣是巴西柔術。
> **室內**的興趣是瓦楞紙藝術和麻將。
> 尤其是戶外的巴西柔術，我正在上 Tri-Force 大島的石毛老師的課。

像這樣**分門別類＝利用戶外和室內做分類，和結構是「數字」有不同的涵義**，可以讓聽的人想像到「應該會出現這種類型的興趣」。

當你真的提到戶外這兩個字，對方想像到的可能會是「露營或足球等球類運動」，但就算你說出來的與對方預想的不同，對方也

不會不知所措。

假設我們繼續聊這個話題，對方接著提出了以下的問題。

高松先生，原來你有在練巴西柔術。
聽你這麼一說，我發現你變壯了呢。
巴西柔術有趣的地方是什麼？

要是用「數字」展示結構的說話方式回答這個問題，會像下方這樣。

> 巴西柔術有趣的地方大致有 3 個。
> 第 1 個是「練習時不要說想到工作的事了，腦袋根本變得一片空白」可以集中精神。
> 第 2 個是心理素質會變強，甚至會覺得「即使遇到網路酸民，只要直接見面教訓對方一頓就好」。
> 第 3 個是訓練強度「和私人教練課不同，感覺同時做了重訓和有氧運動」。

用「數字」展示結構更加表現出了我的「柔術愛」，接下來讓我們用我剛才傳授的用「類別」展示結構的說話方式做回答。

> 巴西柔術有趣的地方可以分成精神層面和肉體層面。
> 精神層面是「可以集中精神、腦袋會變得一片空白」，以及「不會因為酸民產生負面心情」，肉體層面則是「可以在模擬對打中藉由對戰鍛鍊身體」。

大概是像這樣的感覺。

提出「精神層面和肉體層面」，用類別或有意義的形式來概括，

對方也會比較容易想像得到你之後要講的內容。

　　兩種說話方式都能在日常中盡情使用，請各位務必要學起來。

　　順便說明一下，我把展示「結構」說話方式的「結構」比擬作「箱子」，稱它為**箱子溝通**。

我把用「數字」展示結構的説話方式定為「箱子溝通 初級」，用「類別」展示結構的説話方式定為「箱子溝通 上級」，以此作出區分。

　　大家也跟我一起成為「箱子溝通」大師吧。

類別是「大致有 3 個」的
向上兼容，
是最強的結構。

007

議題狂

VS

TASK 狂

產出的過程有 6 個步驟。
要記就記住這個。

　　我接下來要講非常適合在聽起來很酷的「007」提出的重要觀念。

　　為了詳細說明「議題狂」和「TASK 狂」的差別，我希望各位能先理解一件事，那就是──

為了有所產出（先假設這裡的產出是比較好理解的 PowerPoint 資料），有「一定」要經歷的步驟，這些步驟一共有 6 個。

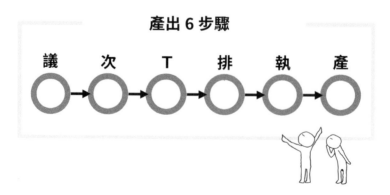

產出 6 步驟

議 → 次 → T → 排 → 執 → 產

請各位看一下上一頁的圖。六個○上面只寫了「開頭第一個字」，但實際上只要在理解這些步驟的同時（品質先不談）完成工作，會有種「顧問生涯的第 1 年結束了」的感覺。

　　「開頭第一個字」代表的意義如下，順序如前一頁的圖所示。

議題→次要議題→ TASK →排程→執行→產出。

　　首先我們要在找出議題後分解議題＝提出次要議題，這個階段很重要，它是把你從主管或客戶，抑或是「你自己定下」的議題分解成次要議題的過程。

　　我舉個例子，假設我現在的議題是「如何讓柔術的實力更上一層樓？」從石毛師父的觀點來看就會是「要怎麼做才能讓弟子高松的柔術進步？」在得到議題時要先分解議題＝進入提出次要議題的步驟。

　　比方我們可以像下方這樣進行分解。

（A）　高松現在為了讓柔術進步做了哪些事，以及他在模擬對打中的表現如何？
（B）　以此為基礎，高松成長停滯或無法加快成長速度的因素是？
（C）　可以消除那些因素，讓高松更進一步的解決手段是？

　　這些就是次要議題。

　　「提出次要議題」後的下一步是「T」，也就是制定 TASK，分解完的議題＝針對每個次要議題想出 TASK，這不是要你去做 TASK（執行），而是設計 TASK。

　　因為我們要思考做哪些行動可以解決「（A）高松現在為了讓柔

術進步做了哪些事，以及他在模擬對打中的表現如何？」的問題，
例如用下面的方式推敲出 TASK（以下是摘要）。

- 跟在「高松」身邊調查他一個星期的柔術、重訓、飲食狀況。
- 拍下「高松」模擬對打的戰績，如果狀況允許，錄下他近 10 次的
  模擬對打。
- 再加上採訪與「高松」進行過模擬對打的對手。
（諸如此類）

　　我這次寫了 3 個，但實際上會把「好像可以採取這樣的行動？」
增加到 10 甚至 20 個，（B）、（C）當然也要進行同樣的步驟。

　　好了，到目前為止是 [議→次→T] 的步驟，TASK 已經制定好了，
所以接下來是「排」，意即安排日程，再下一步是依照排好的日程
執行前面制定的 TASK 的「執」，進入執行的環節，在這之後得出
的結果是「產」，也就是成功有所產出。

一下「議」一下「次」，
連英文的 T 都有，看
不懂在幹嘛。

這就是顧問業。

這套 6 步驟的工作方式即使在「最初 3 年」內學到的事情中，也是排行前三名的關鍵學問。

　　能在得到議題時像這樣採取不跳過「次＝提出次要議題」的思考方式與行動模式的人，我在好的意義上稱他們為「議題狂」，而 TASK 狂則是指那些跳過「提出次要議題」步驟的人。

　　在獲得工作時「什麼都沒想＝沒有分解議題」，不斷提出「需要這樣的 TASK 吧？」的行為，根本是一個勁地只想著要執行，這麼做的結果將會給出「與期待相差甚遠」的產出，真的是很可惜的一件事。

　　因此請各位把以下的步驟銘記在心。

產出 6 步驟

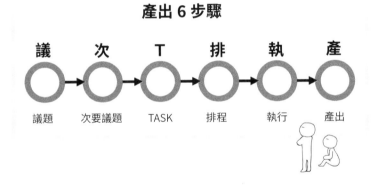

議	次	T	排	執	產
議題	次要議題	TASK	排程	執行	產出

> 請各位從此脫離
> 「TASK 狂」的行列，
> 然後宣布「我要成為議題狂」。

008

議題簡報
VS
工作計畫
VS
工作分解結構（WBS）

---

6 個步驟＋ 3 個產物
讓你的工作能力大幅度地進化。

產出的 6 個步驟 [議→次→ T →排→執→產] 在從根本理解顧問的思考邏輯和做事方法上佔有很重要的地位，為了讓大家更習慣在工作上使用 [議→次→ T →排→執→產]，作為本次主題的暖身，我有件事想請大家做。

我想請你們在做某項工作時做這件事。

在思考過自己是否有照著 [議→次→ T →排→執→產] 步驟走後，檢查自己有沒有跳過前一個步驟。

比方你要使用 Google 搜尋執行調查時，我希望你能檢查自己是

否跳過了 [執] 前面的 [議→次→ T →排]。

我提出次要議題了嗎？我設計好 TASK 了嗎？我安排好日程了嗎？我希望你用像這樣的感覺做確認，這樣一來即使你徹底變成了「TASK 狂」，也能及時察覺到這件事。

除此之外，假如各位上面有主管，請進一步做出以下行為。

每當你要進到 [議→次→ T →排→執→產] 的下一步時，請主管協助確認。

此時每個步驟做出來的產物一定會不一樣，所以我接下來要針對這一點進行說明，這段如咒語般的 [議→次→ T →排→執→產] 話題也先暫時告一段落。

首先，在得到議題後要「次」＝提出次要議題，簡單來說就是進一步地把議題分解成問題，分解完議題後會獲得許多問題，需要把它們統整起來。

接著為了處理議題，提出「要解決什麼樣的問題才能處理議題？」的疑問，同時利用 PowerPoint 做出像是要寫給別人看的產物，也就是**（A）議題簡報**，我自己執行時常會用 Word 來統整，因此我也把它稱作「議題 Word」。

「次」結束後準備進到「T」＝設計任務（TASK）的步驟，針對剛才的產物——作為「議題集合體」的議題簡報提出「處理那個議題和次要議題需要做的任務（TASK）有哪些？」的疑問並製作出的產物即是**（B）工作計畫**。

再來「T」結束，下個步驟是「排」＝安排日程，提出「要由誰在什麼時候做那項 TASK ？」的疑問並製作出的產物即是**（C）工作分解結構（Work Breakdown Structure）**。

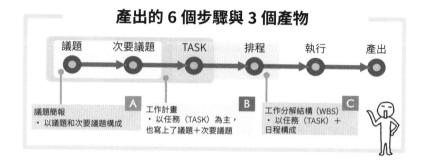

產出的 6 個步驟與 3 個產物

議題 → 次要議題 → TASK → 排程 → 執行 → 產出

議題簡報
・以議題和次要議題構成

A
工作計畫
・以任務（TASK）為主，
也寫上了議題＋次要議題

B
工作分解結構（WBS）
・以任務（TASK）＋
日程構成

C

像這樣把工作步驟與該步驟得出的產物配成一組，要改變行動模式也會變得比較容易。

首先是過程，
接著是重視產物項目
並改變工作方式，
之後再把提升內容和品質當作議題！

　　　　　　　　「無法再經歷一次」被鞭策的第 1 年

009
沒有答案的遊戲
VS
有答案的遊戲

大家在不知不覺間用了
面對「有答案的遊戲」的挑戰方式。

　　如果是讀過我著作的讀者，應該會說「我知道、我知道、我知道，你要講沒有答案的遊戲吧」，這件事果然很重要，而且真的有很多人「不擅長」面對沒有答案的遊戲，所以我要在這邊先好好說明清楚。

　　正因為各位的工作「沒有答案」，才會被分配到那份工作並獲得報酬，可是在我們成為社會人士之前，一般都是在「有正確解答（答案）」為前提的情況下被評價，其中最具代表性的案例就是「考試」。

　　考試讀書幾乎都有「正確解答」，「要如何得出正確解答？還要很有效率！」的追求毫無疑問是——

沉溺在「有答案的遊戲」裡。

不過進入職場後，事情就不一樣了。

就是因為解答已經準備好了，
我才有辦法努力。

　因此我們過去採取的「以有解答和解說為前提」的行動模式是行不通的，那我們該怎麼做呢？方法如下。

> **挑戰「沒有答案的遊戲」的 3 個法則**
> ① 「過程要性感」＝性感的過程得出的答案也會很性感。
> ② 「創造 2 個以上的選項並選擇」＝透過選項間的比較，選擇「更好的」選項。
> ③ 「被批評和討論是附屬品」＝討論是大前提，有時必須遭到批評才算是結束。

　也就是說大家無法只看提出的「回答」來判斷那麼做是「正確還是錯誤」，因為這是沒有答案的遊戲。

　簡單來說，我們可以這麼想——

透過像這樣性感到不行的過程做出的產出，絕對會很性感！

或者該說我們只能這麼想，這就是為什麼我們必須加強過程的品質，嚴格遵守我從剛才就一直像在唸咒語般提到的 [議→次→ T →排→執→產]，而且一定要仔細謹慎地把導入的資訊得出的產物做成 A 議題簡報、B 工作計畫、C 工作分解結構（WBS）。

以工作態度和進行方式來說，由於在經過完整的過程後也沒有正確解答，所以決定的關鍵在於「比較」，因此可以說必須強行創造 2 個以上的選項也不為過。

舉例來說，當我們在製作「B 工作計畫」時，不要緊抓著想到的其中一個任務（TASK），而是要採取下方的想法。

像這樣的 TASK 應該可以解決這個議題。
假如要用其他方法，那樣好像也行。
哪個 TASK 比較好？

我們必須創造出 2 個以上的選項來做選擇，畢竟沒有正確解答，只能透過比較**「判斷這個比那個好來選出比較好的，藉此提升答案的可信度」**。

最後是第 3 個挑戰方式。

這個過程會在初次討論和遭到批評後畫下句點。

[議→次→ T →排→執→產→ D]
D ＝來討論吧！

這裡指的是和主管討論，到這一步為止是一套完整的流程。

所以當你受主管所託並完成工作，要在信裡附上做好的 PPT 時，不可以在信裡寫「請查收」，「請查收」完全不帶有「來討論吧」

的意思，倒不如說給人很強烈的「產出之後的事交給主管，我要回家了」的感覺。

[議→次→Ｔ→排→執→產→Ｄ]
光是這一行就
包含了許多意思。

　　　　　　　　「無法再經歷一次」被鞭策的第 1 年

010

3 個以上的項目排列在一起時，要替「順序」賦予意義

VS

只是隨意排列，沒為什麼

仔細記住每一個要用頭腦思考的地方
能夠加快你的成長速度。

來了，光榮的第 10 個！

本書是以「顧問最初的 3 年＝99 個項目」構成，所以第 10 個大約是學完十分之一的內容，也就是經歷了「3 個月」的成長。

我接著來快速說明一下 010。

就如同標題，不論是寫文章還是說話，有「3 個以上」的項目要傳達時，必須要留意「順序」。

比方當你被問到「一位成功的顧問有哪些必備的特質？」時，不可以不經意地在什麼都沒想的情況下回答「我想是用腦方式的性感程度、體力、魅力這 3 項」，如果你這麼說，對方肯定會像下方這樣繼續往下深究。

抱歉、抱歉、抱歉。
那個，所以那 3 項的前後順序是？你是用哪種依據來排序的？

這也和 005 提過的展示「結構」的說話方式有關，傳達資訊時用某種排序方式，不僅能發揮「結構」的作用，聽的人也比較容易理解，還兼具能讓人留下印象的效果。

以剛才那句話為例，你可以在腦中先想完「我應該會回答用腦方式的性感程度、體力、魅力這 3 項吧」，再習慣性地思考**「我要用哪種順序來說？」**然後同時做出回答。

我想是用腦方式的性感程度、魅力、體力這 3 項（以 3 項的重要程度來排序）。
*（ ）內的話是心聲。

在製作簡報時特別寫明排序方式不是 MUST，但你用那份簡報進行報告時，要能先補充「是以這樣的順序由上往下排列」再報告是很重要的一件事。

1week

· 講座
· 寫作
· 柔術
· 按摩
· 三溫暖
· 和朋友吃飯

哪種順序？

1week
〔依花費的時間排序〕

· 講座
· 柔術
· 寫作
· 和朋友吃飯
· 按摩
· 三溫暖

　「無法再經歷一次」被鞭策的第 1 年

這麼做真的會讓人有種「連小地方都有考慮到」的感覺吧？所以說各位，讓我們從今天起養成習慣，只要有 3 個以上的項目排列在一起時，就要替「順序」賦予意義！

> 連那麼細微的地方都需要經過思考，
> 在重要的部分一定要考慮得更周詳，
> 我相信對方一定會感受到你們的用心。

011

在腦中算出「1 萬」×「1 萬」＝ 1 億

VS

想用計算機，不對，是使用計算機

入場費是 5 千圓，昨天來了 5 萬人，
今天來了 13 萬人，
你可以立刻計算出營業額是多少嗎？

這麼問雖然很突然，但各位在讀 010 時有覺得哪裡怪怪的嗎？
沒錯，請你們看一下這個段落。

本書是以「顧問最初的 3 年＝ 99 個項目」構成，所以第 10 個
大約是學完十分之一的內容，也就是經歷了「3 個月」的成長。

如果你有覺得不太對勁，代表你對數字很敏感，我希望你能用
興奮的心情閱讀 011。

各位實際計算過後就會明白不是「3 個月」，而是「3.6 個月」，
因此對數字很敏感的人應該會馬上浮現以下想法。

與其說是「3 個月」，不如說是「3.6 個月」吧？

有產生這樣想法的人，正是「對數字很敏感」的人，順道一提，
我嘗試向對數字很敏感的人提出這個疑問後，對方立刻給出了下面

這個回答。

你沒有考慮到閏年嗎？
算起來大概是 111 天！

　　這就是對數字超級敏感的人，各位就算沒辦法到達這個境界，應該也會想擁有一定的敏感度。

　　既然是這樣，讓我來教你們要怎麼做。

　　首先，我先出一個問題。

> 某座主題樂園一天會有 10 萬名遊客，門票費用是 1 萬圓，請問主題樂園一天的營業額是多少？

　　答案當然是「10 億圓」，但位數算起來有點複雜，其實在這個時候有個「只要記住這一個就行了」的公式，那就是——

1 萬 ×1 萬＝ 1 億。

　　只要記住這個就夠了，我們來練習看看。

> 聽說某間拉麵店一年可以賣 30000 碗拉麵，一碗拉麵的價額是 1000 圓，請問拉麵店的年營業額是多少？

　　答案是「3000 萬圓」。

　　只要把「30000」×「1000 圓」套用進剛才的「1 萬 ×1 萬＝ 1 億」就可以了，**「3」×「1 萬」×「1 萬」÷「10」＝ 3 億圓 ÷10 ＝ 3000 萬圓**，習慣用這個公式計算後就會變得很簡單。

　　在會議提出營業額時如果能直接在腦中計算出來，不依靠計算機等工具，可以讓會議產生良好的節奏感。

讓我們對數字變得敏感，
抬頭挺胸地說出：
「不覺得用計算機很遜嗎？」

012

即使是不可能知道的數字，
也要想辦法算出來

VS

不知道就是不知道，直接放棄

歡迎來到用常識和知識作為基礎，
並運用邏輯計算出未知數字的世界。

顧問會被討厭的其中一大原因是很多人認為**「顧問是只要委託他們，不論什麼都能在明天產出的集團」**，很感謝大家這麼想，這也是顧問為什麼可以收取以絕對值來說算貴的顧問費，然後努力交出相較之下顯得顧問費「便宜」的產出。

不過客戶提出的「委託」中有一個特別棘手的類型。

那就是——

等同預測未來的未知數字。

舉例來說：

· 我們現在涉足的領域在 3 年後會變成什麼模樣？

> ・ 我們之後將推出新商品，那個新商品的市佔率規模會有多大？

　　客戶一臉若無其事地把上面這種會讓人想說出「喂喂，那種數字不可能查得到吧！」的案件委託給我們，是客戶對我們的鞭笞，也是客戶對我們的愛。

　　收到這種委託時，要是有哪個瞬間沒繃緊神經，很可能會脫口說出這句話：

「不知道的數字就是不知道，我們放棄吧。」

　　這時就輪到「即使是不可能知道的數字，也要想辦法算出來」的顧問思考邏輯登場了，至於要怎麼想辦法，當然是靠那個嘍，沒錯，就是**費米推論的技術**，我先把定義寫下來。

> 費米推論
> ＝用常識和知識作為基礎，運用邏輯計算出未知的數字。

　　費米推論即是利用「思考技巧」算出連問 Google 先生也完全找不到答案的數字。

　　舉例來說，請你想像看看下方這個情景。

> 你很猶豫是否要開一間最近很流行的健身房。
> 所以你想知道到底開健身房可以賺多少錢，因此你向顧問提出了「希望能推算出位於表參道的健身房營業額」的委託。

　　從你身為客戶的角度來看，會覺得這是「能知道會很高興，不過他沒辦法告訴我」的數字吧？

　　能用「思考技巧」算出那個數字的方法正是費米推論。

只要使用費米推論的技巧，就有辦法算出「可能的數字」！
展現「即使是不可能知道的數字，也要想辦法算出來」的精神！

接下來讓我趕緊放上解答吧。

位於表參道的健身房的年營業額
＝[1 間店的會員數]×[月會費]×[12 個月]
＝[使用者總人數]÷[利用頻率]×[月會費]×[12 個月]
＝[健身房可容納人數]×[日週轉率]×[每月營業天數]÷[利用頻率]×[月會費]×[12 個月]

用像這樣的方式做因式分解，再把數字帶入，就會變成下方這樣。

＝[100 人]×[日週轉率 3 次]×[20 天]÷[每個月 4 次]×[1 萬圓]×[12 個月]
＝1.8 億圓

假如日週轉率是三分之一，那就是 6000 萬圓！

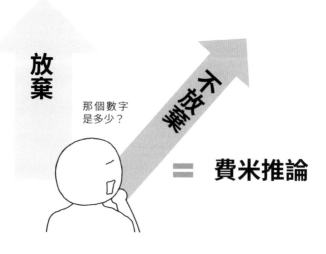

放棄

不放棄

那個數字
是多少？

＝ 費米推論

　由於這是事實上「不可能知道的數字」，當然屬於推測的範圍，但在商業討論上已足以作為參考用的數字。

　真的很有趣吧？對了，如果要針對稍微理解「費米推論」的人重新定 012 的標題，會變成下方這樣。

012：「費米推論」是商業利器
VS 「費米推論」是案件對策專用

　此外，有人會誤以為費米推論是「案件對策＝轉職顧問時用來當作測驗的題目」專用，但事實並非如此，所以請大家看完本書後，務必要閱讀我的著作《費米推論的技術》和《從「費米推論」開始的解決問題技術》，這兩本都是超好用的商務技巧書！

> 各位可以一併閱讀我通稱
> 「黃皮書」的著作——
> 《費米推論的技術》。

013

評價基準和評價結果

VS

優缺點比較法

你平常會使用優缺點比較法
＝通稱「優缺比較」的概念嗎？

看到這次的 VS 標題時，心中浮現「確實不能用優缺點比較的概念」想法的人很棒。

可是通稱「優缺比較」的優缺點比較法實在太過普及，應該很多人都會不自覺地使用吧？事實上在顧問中也有不少人在用，甚至還會很老套地刻意把優缺點比較法變成對方難以理解的形式——

利弊比較（＝ Pros and Cons）。

也難怪顧問會被討厭。

好了，在了解這次的 VS 後，實際做一篇剪報會比較容易懂，所以我想做一個示範。

我舉個例子，假設有對情侶要去旅行，他們很猶豫「要去博多還是要去夏威夷」，當了一年顧問的男生得意洋洋地對女朋友高聲說道：「啊～要比較對吧？只要用利弊比較來評估就可以了。我去

做簡報，妳等我一下喔！」然後不知道跑到了哪裡去。

於此同時也請大家嘗試用「優缺點比較法」統整看看。假如我採用比起內容，更重視簡報格式的方式來想，呈現方式將會像下圖這樣。

休假去旅行的地點：優缺點分別是？

	夏威夷	博多
Pros （優點）	「四季如夏」很舒服，有游泳池和美麗的海	移動時間短又方便＋食物好吃
Cons （缺點）	移動時間長＋三餐會是問題	沒辦法玩像是夏天玩的活動

沒錯，一般確實很容易做出像圖片這樣的簡報，但這裡有個大問題，請各位一邊想是哪裡，一邊看向下面這張圖。

休假去旅行的地點：評價基準與評價結果

	夏威夷	博多
①地點的魅力	「四季如夏」很舒服，有游泳池和美麗的海	只有飯店室內的游泳池
②移動時間	搭飛機需要花上8～10小時	搭飛機2小時
③食物好吃程度	住高級飯店或公寓式飯店就不會有問題	有許多便宜又好吃的店

兩者間的差異一目了然。

沒錯。

利弊比較會看不到「評價基準」。
最重要的「評價基準」被隱藏了！

在做比較時最重要且應該要動腦去想的部分毫無疑問是「評價基準」，然而它卻沒有被包含在裡面。

各位現在能理解利弊比較有多派不上用場了嗎？

當你看到優缺比較或利弊比較時，
請做出訝異的表情告訴對方
「你用錯方法嘍」。

014
「不過是」結構化
VS
「不能小看」結構化

世間對「結構化」和「MECE」的評價過譽了，
真是傷腦筋。

當顧問的「最初 3 年」一定會聽到以下這兩個名詞。

結構化、MECE。

大家現在心中很可能冒出了類似「結構化和 MECE 很重要！」的想法，但**事實上正好相反**，請各位抱著期待的心情往下閱讀。

我先簡單說明一下「結構化和 MECE」是怎樣的概念。

「結構化」＝統整相同的「細節層級」。
「MECE」＝「不重複且不遺漏」的一種思考檢測工具。

以上是兩個概念的定義。

使用方法如下。

我久違地和朋友相約吃飯，顧問鈴木趁自己喝醉時鼓起勇氣找我商量煩惱，我本來還以為發生了什麼事，結果他問我「你覺得我不受

「無法再經歷一次」被鞭策的第 1 年

歡迎的原因是什麼？」這個問題雖然很難回答，不過我想藉著酒意告訴他實話，於是我當著鈴木的面，開始用條列式的方式將以下幾點寫在桌上的紙巾上。

鈴木不受歡迎的原因是？

- 小氣
- 頭髮很亂
- 褲子不知為何都是七分褲或九分褲
- 週末都在打電動
- 結帳時總是均攤

緊接著，顧問鈴木眼眶泛淚地說：「可以幫我結構化嗎……？還有，你用的方法不是 MECE 吧？」
我聽完之後表示「那我整理一下喔」，接著再次動筆寫了起來。

鈴木不受歡迎的原因是？

●性格
　▷小氣
　　◇結帳時總是均攤
　▷太有顧問的樣子
●外表
　▷頭髮很亂
　▷褲子不知為何都是七分褲或九分褲
●生活型態
　▷週末都在打電動

我統整了重複的部分，想說這樣應該 OK，當我緩緩抬起頭並向前看時，發現鈴木哭了。

總結來說，兩個概念用起來就像上面這樣，和大家想像的一樣吧？
接下來請大家看另一種不同的互動方式。

我久違地和朋友相約吃飯，顧問鈴木趁自己喝醉時鼓起勇氣找我商量煩惱，我本來還以為發生了什麼事，結果他問我「你覺得我不受歡迎的原因是什麼？」這個問題雖然很難回答，不過我想藉著酒意告訴他實話，於是我當著鈴木的面，開始用條列式的方式將以下幾點寫在桌上的紙巾上。

鈴木不受歡迎的原因是？
- 小氣
- 頭髮很亂
- 褲子不知為何都是七分褲或九分褲
- 週末都在打電動
- 結帳時總是均攤

緊接著，顧問鈴木眼眶泛淚地說：「可以幫我結構化嗎……？還有，你用的方法不是 MECE 吧？」

「那樣是在整理吧？透過結構化雖然可以讓資訊變得『比較好懂』，可是原因也不會變多不是嗎？」

「確、確實，抱歉，顧問的職業病發作了……」

**「用 MECE 也一樣不適合，不重複且不遺漏？
首先，不重複同樣是為了追求『好理解』吧。**

畢竟重複同樣的話會讓人混亂，但這麼做內容也不
會增加不是嗎？」

「既、既然是這樣，利用 MECE 讓內容不遺漏不是也有好處？」

「可是如果有人問你『是不是漏了什麼？』，你不
可能回答『啊，真的有漏！』吧？
你不覺得 MECE 是世界上最沒有意義的輸入嗎？」

當我緩緩抬起頭並向前看時，鈴木因為不同的理由哭了。

　　這兩個故事的「差別」正是我希望大家這次學起來的東西，如
果用一句話簡潔地總結這個故事，會是以下的 VS。
　　「不過是」結構化 VS 「不能小看」結構化。
　　無論結構化還是 MECE 都「不過是」統整而已，沒有產生任何
東西，因此把力氣花在那上面也不會有幫助，再說還有更多其他可
以動腦思考的地方，這就是為什麼「統整才是顧問的思考邏輯！」
這種想法其實很遜。
　　過分執著於「結構化和 MECE」沒有任何價值，因為那兩個概
念說到底只是「統整」，**結構化和 MECE（尤其是不重複）是為了
讓資訊變得更好懂而存在**，請不要忘了這一點。

不論什麼事都強調
「結構化！結構化！」的人之中
沒有優秀的人（說得太過火了）。

015
素材（輸入）
VS
產物（產出）

比「結構化」更重要的事，
那就是「讓思考進化的素材」！

在 014 登場的「哭泣的鈴木」到底該怎麼做才好呢？
請各位看一下正確解答版的對話！

我久違地和朋友相約吃飯，顧問鈴木趁自己喝醉時鼓起勇氣找我商量煩惱，我本來還以為發生了什麼事，結果他問我「你覺得我不受歡迎的原因是什麼？」這個問題雖然很難回答，不過我想藉著酒意告訴他實話，於是我當著鈴木的面，開始用條列式的方式將以下幾點寫在桌上的紙巾上。

鈴木不受歡迎的原因是？
- 小氣
- 頭髮很亂
- 褲子不知為何都是七分褲或九分褲
- 週末都在打電動

• 結帳時總是均攤

緊接著，顧問鈴木笑著回答我：

「謝謝你！
我再給你一些素材，讓你能有更多的洞見。」

你很知道該怎麼做嘛，鈴木。
在那之後鈴木手上握著羅列出 50 個「為何不受歡迎？」原因的紙條
回去了。

「給你一些素材」。
重點全在這句話裡了。
結構化和 MECE 沒有任何價值，即使花時間做了，討論也不會
有任何進展。
這邊為了加深理解，我將說明「顧問的工作在做什麼」，希望
你能抓住「素材是關鍵」的感覺。

圖解！顧問的工作在做什麼？

輸入	思考	產出
量化分析	一個人思考	進行討論
質化分析		發表
調查	大家一起思考	被批評

請大家看這張圖，簡單來說就是——

輸入素材、思考、創造產出。
沒有好的輸入，什麼都無法開始。

這就是為什麼好的輸入＝素材很重要，輸出＝產物則是其次的原因，這個邏輯可以說和米其林一星的壽司店是同一個道理。

米其林一星壽司店中等同於「思考」的「主廚手藝」
毫無疑問是一流，而相當於「輸入」的「食材和採買」
當然更是超一流。

請大家再次看向圖片，各位的工作基本上也是由這3點構成。

因此如何製作輸入的素材非常重要，可是當大家開始工作時常會滿腦子想著要說些精闢的見解，充滿幹勁地認為「我要一針見血地提出新的新事業構想！」完全**把重點放在「思考」和「產出」**。

會這樣說到底就是你覺得輸入＝製作素材＝打雜？，反過來說只要能消除這個認知，理解到「製作素材才是真正決定產出質與量的關鍵」，你就會成為贏家。

總之我想說的是：

「要愛素材！」

要創造任何東西時，素材是關鍵。
要是過於把重心放在產出，
可是會本末倒置喔。

016

會議筆記
VS
會議紀錄
VS
發言紀錄

會議紀錄進化論！
你有確實寫好會議紀錄嗎？

　　不論是在一般企業還是顧問公司，年輕人和菜鳥成員最常被主管或經理交代的工作就是這件事。

請你做會議紀錄。

　　工作要有進展，勢必得經過討論，另外不需要我多說，把討論後的結果寫下來並發給所有成員，讓大家擁有共識是一件非常重要的事。

　　可是能**確實寫好會議紀錄**的人卻很少，因為他們沒有認知到會**議紀錄有「3 種類型」**。

但反過來想，要是能確實寫好會議紀錄，它將成為所有商務人士的武器。

原因在於會議紀錄本身就是「素材」，而且還是在 Google 上絕對找不到且用錢也買不到的獨一無二「素材」，是可以讓我們思考進化的輸入。

接下來我要對 3 種類型的會議紀錄進行說明。

第 1 種類型是發言紀錄。

寫發言紀錄時的議題說穿了就是以下這點。

是否有一字不漏地記錄下來誰說了什麼話？

只要單純地把你眼前進行的會議發言記錄成文字，純粹記錄下每個人的發言就好。

第 2 種類型是會議紀錄。

這裡指的是狹義的會議紀錄，只記錄發言的「發言紀錄」透過 3 點進化後的產物，我稱之為「會議紀錄」。

◎第 1 個進化：結構化和 MECE（尤其是要刪去重複的內容）

最適合在這時登場的就是「不過是」結構化和 MECE。

假如是一小時的會議，將會有多到數不清的發言，因此我們必須刪去能夠歸類到同一個主題或與討論無關的話，以及在維持發言意圖的前提下修正「文風」。

完全符合「不過是」結構化和 MECE。

請你先在腦中設想發言紀錄最後會變得易讀好懂，但本質不變且價值不變。

◎第 2 個進化：包含「下一步」

會開會議都有某種目的，當然也有「純粹報告」的廢物會議，

不過所謂的會議是為了在討論後做出決定，讓事情有所進展而開的，因此會議紀錄應該要確實寫下「決定的事 × 沒有決定的事＝下一步」。

◎第 3 個進化：加上現場的「氛圍」

3 個進化中最難且最有價值的就是這個。

會議中產生的「素材」不只有發言。

雖然不需要全都寫下來，但「坐在對面的總經理聽到某句發言露出訝異的表情」，或者是「某人一聽到某句發言馬上說話了」等等，有些時候要是沒有搭配上現場的「氛圍」，會無法把訊息正確地傳達給看紀錄的人。

變成會議紀錄或「發言」單獨發展出一個情境，這是非常恐怖的事。

比方會議紀錄裡寫下了有人在會議中說出「我反對那麼做」的發言，他是一聽到某人的發言就馬上用生氣的表情說「我反對那麼做」，還是他是被要求發言，用一副像是覺得「不知道耶，一定要說的話……」的煩惱表情說「我反對那麼做」？

這兩者之間有很大的落差吧？假如要加上「氛圍」做會議紀錄，建議用**「我（絕對）反對那麼做」VS「一定要說的話，我反對」**的觀點來區分寫法，會是比較能反映會議中討論氣氛的優秀會議紀錄。

好了，其實到這裡為止，是我以前「隱約」理解的「會議紀錄的世界」，然後在前方還存在著另一個更崇高的「會議紀錄」。

沒錯。

第 3 種類型＝會議筆記。

它的名字本身有點階級往下掉的感覺，然而它卻是第 3 種類型外加會議紀錄界的王者。

2 種類型的會議紀錄進化成會議筆記的重點有 3 個。

第 1 個進化：以議題為基礎進行「結構化」
第 2 個進化：聚焦於「假說的進化」
第 3 個進化：有寫到「下一個議題」

在顧問業把「會議筆記」定義為一種堅持，認為那是很瘋狂的行為，因為它不是單純的「會議紀錄」，而是進化再進化的產物，殺傷力＝會議筆記兼具了讓工作有所進展的威力。

我來針對各種進化做一些簡單的補充。

◎第 1 個進化：以議題為基礎進行「結構化」

第 2 種類型的「會議紀錄」也是發言紀錄做了「結構化和MECE」後進化而成，接下來在做「會議筆記」時要用更往上一階，不對，是往上高到 13 階的高等級進行「結構化」。

換句話說就是以議題為基礎進行結構化。

（在狹義的意義上）第 2 種類型的會議記錄中出現的結構化說到底不過是「事後」，是純粹用最平淡無趣的方式整理會議討論結果的結構化。

在那之上進行的即是這項「以議題為基礎的」結構化。

參加者（至少引導者）事前想討論的事＝在以議題為基礎上把它結構化，這就是第 1 個進化的重點。

比方我想讓柔術打更好，於是我和石毛老師、藍帶的內田先生、白帶的永澤先生三人討論了一小時，並打算把討論的結果記錄成廣義的會議紀錄，當然我會照前面的說明寫下 3 種類型的會議紀錄＝發言紀錄、會議紀錄、會議筆記。

如果從「結構化」的角度整理出三者的差異，結果會像以下這樣。

發言紀錄＝以「時間順序」結構化。

會議紀錄＝以「討論的主題」結構化。

會議筆記＝以「討論前定下的議題為基礎」結構化。

我用這次的第 3 進化型態「會議筆記」做統整時，會運用以下的議題結構來結構化，同時也讓大家看一下要怎麼寫。

會議筆記—以「議題為基礎」進行結構化

「要怎麼做才能讓弟子高松的柔術進步？」

(A) 高松現在為了讓柔術進步做了哪些事，以及他在模擬對打中的表現如何？

●平均一週上 3 次柔術課，多的時候一週 6 次，比一般初學者上的課多，確保可以達到最大幅度的成長。

——「由於大部分的學生一週參加 1 ～ 2 次練習就已經是極限，高松先生的練習量不要說有他們的 1 倍了，2 ～ 3 倍都有。」（石毛老師）

——「確實我每次去練習，高松先生都一定會在，不過我也練習得和他一樣頻繁，所以要多常去才算是多？」（內田先生）

●模擬對打看起來有一定的水準，但當然也有很多地方的手法太過「粗糙」。

——「我看過內田先生和高松先生的模擬對打，印象中我曾經給過他建議，因為我不確定他是還沒辦法處理蜘蛛防禦（Spider

Guard）的手部動作，還是不知道該怎麼做。」（永澤先生）

（B）以此為基礎，高松成長停滯或無法加快成長速度的因素是？
●變成典型的「依賴肌力」很可能是最大的原因。
——「肌力強不是壞事，比方在模擬對打被對手壓制時，常常會有人不使用學會的技巧，而是像舉槓鈴那樣把對手抬起來翻過去，因為單靠肌力就能制伏住對手，不需要用技巧壓制對方，導致肌力強的學生很容易有記不太住技巧的通病。」（石毛老師）
●動不動就「有破綻」是最根本的原因。
——「模擬對打時很重要的一件事是要控制住對方手腳的動作，再接著施展技巧並移動，然而高松先生在控制住對方的手腳前先動了，一動就會有破綻，假如在這時發動攻擊，勢必會遭到反擊。」（石毛老師）
——「高松先生尤其在側控（Side Control）時的破綻特別大。」（石毛老師）

（C）可以消除那些因素，讓高松更進一步的解決手段是？
●不要心急，施展技巧和做動作時都要謹慎確實，尤其是在找自己的位置時。
——「初學者難免會手忙腳亂和心裡著急，這種時候會連原本可以做得到的動作都變得隨便。高松先生在找自己的位置往往也很焦急，常因為做出多餘的動作而露出破綻，所以一旦拿到對自己有利的位置，先讓破綻消失並讓自己冷靜下來是很重要的事。」（石毛老師）
——「高松先生開設的講座明明叫思考的引擎，一遇到模擬對打卻總是變成不思考的引擎。」（石毛老師）
——應該要覺得「輸了也沒關係→嘗試使用新的技巧」，而不是「不想輸→用全防禦（Close guard）固定住對手」。（石毛老師）

只要像這樣把議題作為結構來寫就可以了。

至於內容的部分，一般來說會在第一行寫下「訊息＝知道了那些問題？」，並在下方補充「作為根據的發言＝為什麼會那麼說？」。

◎第 2 個進化：聚焦於「假說的進化」

光是第 1 個進化就能帶來巨大的改變，我們接下來要讓它再更進一步地進化。

應該要討論的重點在事前已經定好了，回顧的內容如下。

(A) 高松現在為了讓柔術進步做了哪些事，以及他在模擬對打中的表現如何？

(B) 以此為基礎，高松成長停滯或無法加快成長速度的因素是？

(C) 可以消除那些因素，讓高松更進一步的解決手段是？

既然會覺得是問題，當下心中一定也有「答案可能是這樣」的假設，我尤其對造成最關鍵的問題（B）的原因有一些想法。

(A) 高松現在為了讓柔術進步做了哪些事，以及他在模擬對打中的表現如何？

● （省略）

(B) 以此為基礎，高松成長停滯或無法加快成長速度的因素是？

●會不會是髖關節太僵硬造成的影響？

●可能是因為學的技巧還太少了？

●也許是打模擬對打的方式錯了？

(C) 可以消除那些因素，讓高松更進一步的解決手段是？

● （省略）

由於我準備好了像這樣的假設原因參加會議，如果能著重在這些原因做出統整會是最好的結果。

那麼，我們來讓剛才的筆記進化吧。

會議筆記─以「議題為基礎」進行結構化＋聚焦於「假說的進化」

「要怎麼做才能讓弟子高松的柔術進步？」

（A）高松現在為了讓柔術進步做了哪些事，以及他在模擬對打中的表現如何？

●平均一週上 3 次柔術課，多的時候一週 6 次，比一般初學者上的課多，確保可以達到最大幅度的成長。

──「由於大部分的學生一週參加 1～2 次練習就已經是極限，高松先生的練習量不要說有他們的 1 倍了，2～3 倍都有。」（石毛老師）

──「確實我每次去練習，高松先生都一定會在，不過我也練習得和他一樣頻繁，所以要多常去才算是多？」（內田先生）

●模擬對打看起來有一定的水準，但當然也有很多地方的手法太過「粗糙」。

──「我看過內田先生和高松先生的模擬對打，印象中我曾經給過他建議，因為我不確定他是還沒辦法處理蜘蛛防禦（Spider Guard）的手部動作，還是不知道該怎麼做。」（永澤先生）

（B）以此為基礎，高松成長停滯或無法加快成長速度的因素是？

●當初以為原因在於「髖關節太僵硬」和「會的技巧太少」，但問題其實不在那。

──「髖關節的柔軟度確實很重要，可是柔術的特色之一就是具備了能配合每個人特性的技巧，高松先生的身體的確很僵硬，但那不是最根本的原因。」（石毛老師）

　　　　　　　　「無法再經歷一次」被鞭策的第 1 年

——「會的技巧太少？你現在說說看自己學了哪些技巧。」（石毛老師）

●模擬對打的方式沒有問題，不過「心態」卻偏了。

——「高松先生每次打模擬戰都有為了成長帶回課題的精神很棒，但一心想著『怎樣才不會輸？』的心態偏離了原本的議題。」（石毛老師）

●變成典型的「依賴肌力」很可能是最大的原因。

——「肌力強不是壞事，比方在模擬對打被對手壓制時，常常會有人不使用學會的技巧，而是像舉槓鈴那樣把對手抬起來翻過去，因為單靠肌力就能制伏住對手，不需要用技巧壓制對方，導致肌力強的學生很容易有記不太住技巧的通病。」（石毛老師）

●動不動就「有破綻」是最根本的原因。

——「模擬對打時很重要的一件事是要控制住對方手腳的動作，再接著施展技巧並移動，然而高松先生在控制住對方的手腳前先動了，一動就會有破綻，假如在這時發動攻擊，勢必會遭到反擊。」（石毛老師）

——「高松先生尤其在側控（Side Control）時的破綻特別大。」（石毛老師）

（C）可以消除那些因素，讓高松更進一步的解決手段是？

●不要心急，施展技巧和做動作時都要謹慎確實，尤其是在找自己的位置時。

——「初學者難免會手忙腳亂和心裡著急，這種時候會連原本可以做得到的動作都變得隨便。高松先生在找自己的位置往往也很焦急，常因為做出多餘的動作而露出破綻，所以一旦拿到對自己有利的位置，先讓破綻消失並讓自己冷靜下來是很重要的事。」（石毛老師）

——「高松先生開設的講座明明叫思考的引擎，一遇到模擬對打卻總是變成不思考的引擎。」（石毛老師）

——應該要覺得「輸了也沒關係→嘗試使用新的技巧」，而不是「不想輸→用全防禦（Close guard）固定住對手」。（石毛老師）

　　事前定下的「假設」像上面這樣有了明顯的進化後，附加價值也會增加，用途從原本只是用來回顧討論的內容，變成了可以用來驗證假設的證據，功能性大幅提升。

　　這就是為什麼我們要重視會議筆記且應該要做會議筆記。

◎第 3 個進化：有寫到「下一個議題」

　　這是最後的進化，第 2 種類型的「會議紀錄」也是發言紀錄「包含下一步」後進化而來的，我們這次要更進一步，不是提出下一步，而是提出——

下一個議題＝「下一個」應該解決的問題是什麼？

這麼做完全連結到了以下的流程。

[議→次→ T →排→執→產]

　　像這樣照著這個流程走，工作做起來會很順暢。話說回來，下一步是 TASK，所以前面一定會有 [議題（→次要議題）]，因此寫出來時要寫到 [議題] 會比較漂亮，只要掌握議題，即可隨心所欲地提出 TASK，因為真正可怕的是「只掌握突然提出的 TASK 就進到下一個步驟，這樣離題的可能性很高」。

　　最後請大家看以下的內容來加深理解程度。

會議筆記—以「議題為基礎」進行結構化＋聚焦於「假說的進化」＋追加「下一個議題」

「要怎麼做才能讓弟子高松的柔術進步？」

（A）高松現在為了讓柔術進步做了哪些事，以及他在模擬對打中的表現如何？

●平均一週上 3 次柔術課，多的時候一週 6 次，比一般初學者上的課多，確保可以達到最大幅度的成長。

——「由於大部分的學生一週參加 1～2 次練習就已經是極限，高松先生的練習量不要說有他們的 1 倍了，2～3 倍都有。」（石毛老師）

——「確實我每次去練習，高松先生都一定會在，不過我也練習得和他一樣頻繁，所以要多常去才算是多？」（內田先生）

●模擬對打看起來有一定的水準，但當然也有很多地方的手法太過「粗糙」。

——「我看過內田先生和高松先生的模擬對打，印象中我曾經給過他建議，因為我不確定他是還沒辦法處理蜘蛛防禦（Spider Guard）的手部動作，還是不知道該怎麼做。」（永澤先生）

（B）以此為基礎，高松成長停滯或無法加快成長速度的因素是？

●當初以為原因在於「髖關節太僵硬」和「會的技巧太少」，但問題其實不在那。

——「髖關節的柔軟度確實很重要，可是柔術的特色之一就是具備了能配合每個人特性的技巧，高松先生的身體的確很僵硬，但那不是最根本的原因。」（石毛老師）

——「會的技巧太少？你現在說說看自己學了哪些技巧。」（石毛老師）

●模擬對打的方式沒有問題，不過「心態」卻偏了。

——「高松先生每次打模擬戰都有為了成長帶回課題的精神很棒，但一心想著『怎樣才不會輸？』的心態偏離了原本的議題。」（石毛老師）

●變成典型的「依賴肌力」很可能是最大的原因。

——「肌力強不是壞事，比方在模擬對打被對手壓制時，常常會有人不使用學會的技巧，而是像舉槓鈴那樣把對手抬起來翻過去，因

為單靠肌力就能制伏住對手，不需要用技巧壓制對方，導致肌力強的學生很容易有記不太住技巧的通病。」（石毛老師）

●動不動就「有破綻」是最根本的原因。

──「模擬對打時很重要的一件事是要控制住對方手腳的動作，再接著施展技巧並移動，然而高松先生在控制住對方的手腳前先動了，一動就會有破綻，假如在這時發動攻擊，勢必會遭到反擊。」（石毛老師）

──「高松先生尤其在側控（Side Control）時的破綻特別大。」（石毛老師）

（C）可以消除那些因素，讓高松更進一步的解決手段是？

●不要心急，施展技巧和做動作時都要謹慎確實，尤其是在找自己的位置時。

──「初學者難免會手忙腳亂和心裡著急，這種時候會連原本可以做得到的動作都變得隨便。高松先生在找自己的位置往往也很焦急，常因為做出多餘的動作而露出破綻，所以一旦拿到對自己有利的位置，先讓破綻消失並讓自己冷靜下來是很重要的事。」（石毛老師）

──「高松先生開設的講座明明叫思考的引擎，一遇到模擬對打卻總是變成不思考的引擎。」（石毛老師）

──應該要覺得「輸了也沒關係→嘗試使用新的技巧」，而不是「不想輸→用全防禦（Close guard）固定住對手」。（石毛老師）

下次開會時應該要討論的議題

●根據那些解決手段的方向性，具體該採取怎樣的行動？

──「為了加快成長的速度，統整出需要優先去做的事會比較好。」（內田先生）

●除了柔術課，是否要利用教科書或 YouTube 做些練習當複習？

──「因為沒辦法再增加柔術的課了，可能要想一些其他的練習方法會比較好？」（永澤先生）

　　　　　　「無法再經歷一次」被鞭策的第 1 年

要是能像上面這樣不把發言視為下一步，也就是不當作 TASK，而是作為議題去理解並記錄下來，你就真正地成為會議筆記 Man 了。

被要求做「發言紀錄」是視你為新人，
被要求做「會議紀錄」是視你為半吊子，
被要求做「會議筆記」是視你為主戰力。

017

24 小時規則

VS

不勉強且照自己的步調

現在正是「咬緊牙關」的時候，
在明天前做完吧！

我真的是一邊回想當時的情況，一邊寫出《BCG 思考入門課》，我記得我在最初的第 1 年完完全全是——

以製作素材和輸入為重心的會議筆記 Man。

然後在製作素材方面，有個需要大家放在心上的鐵則。
那就是——
新鮮度是素材的生命。
這時我也徹底感受到顧問這份工作和壽司店有多像，只要新鮮度稍微下降，不論是壽司食材還是素材真正的價值都會歸零，而素材中的會議筆記其實有一定的保鮮期限。

請在 24 小時內共享，我稱這為 24 小時規則。
但會跨到隔天的情況，時限是早上 7 點前。

比方星期一的 12 點有場會議，你負責擔任會議筆記 Man，然後經理和位階更高的總監還要忙著去開其他會議。

經理和總監下次要再根據這場會議進行思考的時間大概是隔天早上，那時要是有會議筆記，經理就可以閱讀並以此為基礎開始工作，可是那時如果沒有會議筆記會怎麼樣呢？

你可能會被質問「為什麼沒有會議筆記？」，又或者他會選擇看自己的筆記來回想並著手處理工作。

就算你之後和他共享了會議筆記，價值也降低許多，因此不論會議幾點結束，咬緊牙關以隔天早上 7 點前為目標交出是最好的，這樣不只會被當作素材使用，還有另外一個好處。

那就是──

那份素材＝由於主管會仔細閱讀會議筆記，你在那場會議裡掌握議題的方式及結構化方面可以獲得來自主管的建議。

不過你要是錯過時機，就不會有這個機會。

請你牢記這之間的差異。

新鮮度是素材的生命，
請務必要記住這件事。
悠哉地「照自己的步調」做，
是最笨的選擇。

018

初出茅廬

VS

進入公司半年

我一進 BCG 就學到了「初出茅廬」
這句平時很少會用到的古風詞彙。

我一進入顧問公司工作很快就學到的其中一件事就是——

如果客戶問你「你來這家公司多久了？」，
要回答「我初出茅廬」。

沒錯，這已經是十多年前的事了，我卻還是記得很清楚，實際上我也真的被客戶問過好幾次，然後回答了「我初出茅廬」。

不過從客戶的角度來看，大概會有以下這樣的想法吧。

我一定得付那麼多錢給剛來公司上班沒幾個月，才做
第 1 年的顧問嗎？

此時客戶只要稍微對專案有任何一點不滿，即使那不是實際造成問題的原因，也會被挑出來講，這種時候必須避免火上加油，反射性

地回答**「因為我初出茅廬，就算要連續熬夜我也會創造出價值」**。

這句話聽起來很可能像在勸你們「不要暴露自己還很菜」，但我真正的用意並非如此，我想傳達的意思如下。

請拿出專業的精神。
你們的「1 小時」有著很高的價碼。

哪怕你們能提供的附加價值和產出都還不成氣候，也要有這樣的專業精神。

我雖然還沒辦法創造與每小時收費相稱的價值，但我之後會做到的，請原諒我。

另外包含像上面這樣的謙虛心態，我也希望你們能學起來。

這樣一來公司的同事一般也不會再有「竟然把工作指派給新人」的想法，畢竟新人通常會被寬待，大部分的人都沒有意識到自己在無意間做出了「新人的、身為新人的、很像新人的」舉動。

正因為如此，不在顧問業的各位光是留意到這點並稍微改變自己的行為舉止，就能帶來**壓倒性的「差距」**，你這麼做不但能獲得主管的疼愛，**還會擁有連客戶也疼愛你的魅力**。

只要這麼做就能帶來改變，
所以請各位一定要放在心上，
你將會感受到成長引擎加速的實感。

019

＋2度

VS

平常的溫度

想要成為他人想一起工作的後輩或成員，
關鍵在於＋2度。

　　該說年輕時大家都很不成熟嗎，但仔細想想，人就算年紀逐漸增長也還是不成熟，當我們在團隊或組織中強烈地感受到自己「不成熟」時，你很可能會遇到一個 VS。

用「魅力」來掩飾 VS「很氣餒地」覺得自己是個遜咖。

　　真的很多人會變得氣餒呢，我懂他們的心情，可是如果不咬緊牙關撐過去，絕對不可能獲得好的機會，每個人在一開始時都「很菜」，因此準備好用魅力掩飾的技術不是一件壞事。

　　我在 BCG 時也是各方面都很遜，因此我非常了解魅力的重要性，在顧問「最初的 3 年」拯救我的毫無疑問是魅力，有的人天生有魅力，但魅力也可以作為一門「技術」來讓它變成武器。

像我這種遜咖，
已經沒救了……

別這麼說嘛。

　　下面這個方法是全部裡面最簡單且能發揮最大魅力的做法。

讓情緒＋2度！

　　光是讓情緒＋2度，就能一下改變從主管到下屬或成員對你的印象。

　　大家也曾經有過這樣的經驗吧？你在喝酒聚會時向「一副覺得很無趣的人」提出「你怎麼了？」的疑問，結果對方冷冷地回你「我玩得很開心啊」。

他的情緒總是那麼低落嗎？

　　那個人下次肯定不會再收到邀請，因為他向周遭散發負能量，就算沒有扣分，也不可能會加到分。

**　　私底下「不會有人邀他」。**
**　　在工作上也「不會有人邀他」。**

像那樣用厭世表情工作的人，也絕對不會被叫去當會議的「會議紀錄 Man」，因為他是個沒辦法產生附加價值的成員，要是他害參加會議的夥伴或客戶情緒變得低落就麻煩了。因此——

請讓你的情緒＋2度。

　　沒錯，就是比你平常的溫度＋2度，我不是要大家像藝人那樣變成「絕對值」的高亢情緒，那種事情不可能辦得到。

　　你不需要那麼做，只需要比「平常的溫度」＝比平時的情緒＋2度，光是這樣周遭的人就會有所察覺，注意到「這個人正在提振情緒，試圖要讓這份工作和這個現場氣氛變好」，這將會成為你的魅力，產生良性循環喔。

情緒低落　　　　　　　　　　情緒高亢

工作上不論在哪種場合，
「平常的溫度」都不可能順利，
厭世的表情＝絕對是不好的。

020
被施壓時就要打接近戰＝縮短距離
VS
遠距離戰＝拉開距離

不論是巴西柔術還是工作，
陷入「不利的立場」時就要打近身戰。

來到 99 中的 20，代表各位已經當顧問「7 個月」了。

我進入 BCG 時曾被告知「過 6 個月就是老手」，所以請各位務必要用心去實踐包含本篇的「20」個顧問思考邏輯和做事方法，狀況將會有很大的改變。

我前面有提到**「不要氣餒！提振情緒！」**，這個重要的教訓可以在很多時機派上用場，反過來說，也有不適合那麼做的時機。

那就是——

被主管罵的時候、被經理斥責的時候。

會議紀錄被揪出一堆錯、處理後勤工作犯錯，或者是展示簡報的瞬間被用像在說「這什麼東西」的眼神注視等等，像遇到這種事的時候——

你會很想自暴自棄，很想陷入低潮吧？

我懂你的心情，我也常會感到氣餒，甚至都想去查「氣餒」的英文要怎麼說了。這不是我們正常的精神狀態，為了讓我們在想哭的時候能夠採取「正確的」行動，事前先做好轉換化是很重要的一件事。

被斥責時就要打接近戰。

具體的做法是不要低著頭，而是笑著說出以下這句話。

請讓我和您預約下次開會討論的時間。

一般挨罵之後都會變得不想看到那個人，認為下次再請對方檢查又會被罵，於是你自然會開始和那個人保持距離，當然也就無法輕易地去找對方諮詢，這毫無疑問是惡性循環，因此我們要咬緊牙關，阻止事情進入惡性循環。

我不知道有沒有人這麼說過，但不要選擇「遠距離戰」這種在安全地帶一較高下的做法，而是採取「接近戰」＝發起近身戰吧。

人生也是同一個道理，假如你和某人吵架並對爭吵感到後悔，應該要立刻說出以下這句話。

「對不起。我很抱歉！我們馬上見一面吧！」

要是搞錯該咬緊牙關撐過的地方，事情會變得很麻煩。

打近身戰縮短距離的人即是贏家，
對方會比你想像中的還要疼愛你 3 倍。

021

不掛員工證

VS

掛著員工證去吃午餐

我懂你的心情，
但從一張員工證就能知道那個人的工作態度。

時代會改變，也真的在改變。

很多以前 OK 的事，不知道從什麼時候起變成了 NG 的事，我們正在這樣的時代為生存而奮鬥著。

我進入顧問公司後，公司最嚴肅看待的就是以下這個主題。

違反保密義務。

總之就是時不時都會被人提醒不要違反保密義務。

忘記帶走放有筆電的包包一次就紅牌離場。
寄錯有附加檔案的信件一次就紅牌離場。
員工證要是掉了就要付罰金。

對這方面的意識比我剛畢業進 NTT DATA 時的素養還要高上 100 倍。

20 年前或許只有顧問公司需要注意，但如今社群媒體發展得異常迅速，進入了無法預測哪裡會出大問題的時代，未來的環境肯定也會變得更加嚴峻。所以——

在外面不要提到客戶的名字。

聚會喝酒時不要把包包交給店家保管。

還有——

不要掛著員工證去外面吃午餐。

不要把包包交給店家保管

在外面不要提到客戶的名字

○○公司啊……

不要掛著員工證去外面吃午餐

你以為稍微提到不會有問題嗎？

假如主管對「保密義務」的要求很嚴格，光是聊到這些都有可能成為你的致命傷。

> 請從年輕時開始留意
> 上述這些小細節，
> 因為我們是喜歡扣分制的國家。

022

「不要小看」錯字或漏字

VS

「不過是」錯字或漏字

情書裡要是有一個錯字或漏字，
還有「愛」可言嗎？

結構化和 MECE 時我曾說過**「要用『不過是』的精神去看待！」**、**「捨棄『不要小看』的精神！」**雖然會變得有點複雜，但我這次要說的是這個——

「不要小看」錯字或漏字 VS「不過是」錯字或漏字。

我常被周圍的人說是「錯字漏字王」，因此這句話也帶有自我警惕的涵義，請各位要有以下的認知。

資料要是有一個錯字或漏字，
那份資料的可信度就會「少一半」。

要說這背後是什麼樣的邏輯，其實很簡單。
假如悔過書裡有錯字或漏字，整篇都白寫了吧？
就是這個道理，再說檢查錯字或漏字是每個人都能做得到的事。

話說回來，其實檢查錯字或漏字的方法只有一個。

我在 BCG 的第一年學到的正是這個技巧。

檢查錯字或漏字時「不要用眼睛逐字看」！
「要唸出來」檢查！

假如用眼睛逐字看，就算有錯字或漏字，人類優秀過頭的大腦也會自動修正，所以真的要檢查時只能唸出聲音做確認。

波士頓固問……找到錯字，
這是第 38 個地方。

因此我常常在資料準備好後躲在會議室裡，一個人自言自語把包含註釋的所有內容全部唸出來，檢查有沒有錯字或漏字，這才是正確的做法。

檢查錯字或漏字也有很棒的附加價值。

檢查錯字或漏字的第一步，
是為了唸出聲音去預約「會議室」。

023
看起來老成
VS
看起來年輕

對從小到大長得老成的人來説，
職場是最棒的「看起來老成比較有利的世界」。

人果然會想受歡迎，希望自己私底下的人緣很好。

而受歡迎的其中一個要素是——

看起來年輕的人。

我到現在都還記得剛進入 BCG 的第一年，IT 部門的組長石川先生問我說：

「高松先生 40 好幾了嗎？」

記憶中我聽完深受打擊，那時我明明才 25 歲。

不過「看起來年輕」在職場上完全沒有任何加分效果，反而可以說是扣分。

我希望大家能回想一下 018 的主題——

初出茅廬 VS 進入公司半年。

說起來要是外表看起來老成，根本也不會有這樣的問題。

所以你假日或週末時可以盡情地讓自己年輕起來，平日再「刻意」讓人覺得你年紀大就好。

舉例來說，我的師父加藤先生常跟我說**「要打扮得像＋10歲」**。

如果你是一名顧問，共事的人大多是處長以上的職位，有不少身分地位很高的人，自然多數人都比你年長，考慮到這一點，不論是服裝還是髮型都該避免做出會讓那些人覺得突兀的打扮，避免他們產生「這個年輕人」的想法，這是你該做到的事情。

說是這麼說，我到現在還是不知道這種作戰方式是好還是壞，只是那時會收到「去買大一號的西裝」和「請穿雙排扣西裝」的建議。現在回想起來，或許那些話的意思是「請模仿老土的穿著打扮」也說不定。

不論是當顧問還是在職場上，
「看起來老成」就是贏家。
沒想到還有那樣的世界！

024

假如 Y 軸是成長，
X 軸就是與 MD 的對話量

VS

許多理由和其他各種情況

與偉大師父間的對話
才能加速成長。

真的讓我覺得這個社會變了的事實如下。

即使是有公司幹部參加的聯歡會也不參加的人變多了。

昭和時代的各位，現在似乎已經是這樣的時代嘍。

簡單來說就是「既然上面的人要參加，我也要參加，然後盡可能地纏著對方讓他記住我！」的文化漸漸消失了。

聯歡會？真麻煩。幹部要來？好煩喔。

其實這樣的心情我也不是不能理解。

不過我舉個例，職業棒球在休賽的期間，知名選手會帶著年輕

選手做自主訓練。據我所知，知名選手會替所有成員出錢，他們從早到晚都在一起生活，不僅是棒球的練習，年輕選手也會**在用餐或放鬆休息時的談話中，透過討論各式各樣的話題學到成長和成功的啟示。**

我以前也不懂怎麼當顧問，但我從一開始就具備這樣的敏銳度，平時就抱持著以下的想法。

假如以圖表來思考，且 Y 軸是「成長」，那 X 軸會是什麼？答案是與 MD 的對話量！

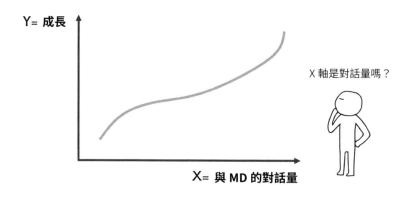

為了讓大家對「顧問的思考邏輯和做事方法」有更進一步的了解，我大致介紹一下顧問公司的職位給大家作為參考，由最高階往下排會是以下的順序。

MD（董事總經理，Managing director）＝ 10 年以上
經理／資深經理＝進入公司第 10 年
顧問＝進入公司第 5 年、第 6 年
專員＝進入公司第 3 年

BCG 時代的大前輩御立先生某次在公司內部活動演講時，當著員工們的面說「成為 MD 就是一軍球員」，有人聽到後馬上大喊「所以我們都是球僮！！！」引起了哄堂大笑，但他說的是事實，MD 與不是 MD 之間就是有這麼大的差距，各方面都不一樣，其中當然也包括了思考和演說的方式，連帶對於日常瑣事的思考邏輯都是不同層次，所以我一直都覺得——

能和這麼厲害的人說到話的環境實在太讚了，不管是吃午餐還是要做什麼都儘管約我，我想要多增加與他談話的機會！

實際上過去我只要一有空，就會跑去約當時在公司內同一層樓工作的 BCG 的 MD 市井先生（他現在是貝恩策略顧問公司的 MD）吃午餐，或是如果他來約我，不管我有多忙都會把情緒提升到＋2 度，高聲回答**「我要一起去！」**。

要是能和不僅是顧問的天才，作為商人也是大天才的市井先生一起行動，就算產出會遲交然後挨罵也沒關係，那種事情之後再挽回就好，畢竟很難得可以有這樣的機會。

我現在很熱中於巴西柔術，因此我都會若無其事地對石毛老師提出「你接下來有什麼安排嗎？」的問題，如果他回答「我等等要去道場樓下的龜戶餃子店」，我一定會立刻說出「我可以一起去嗎？」。

就算要搭計程車來趕上對方的下一個行程，也是應該要做的行為。

不管學習任何事情真的都是這樣，假如你想要成長，甚至想要

有大幅度的成長，就要**花時間和那方面的天才相處、談話、問對方問題**。

　　沒有比這更有用的方法了。

與天才相處的時間、
與師父相處的時間、
與主管相處的時間，
真的都要好好珍惜。

　　　　　　　　「無法再經歷一次」被鞭策的第 1 年

025

封閉式問題

VS

開放式問題

開放式問題是笨蛋的起點。

　　不只學習顧問的思考邏輯和做事方法是這樣，培養商業敏銳度時也是如此，我們學任何東西時都有規則可循，或者該說有「正確的步驟」。

記下來→用得不自然→覺得怪怪的→提出問題。

　　這是必經的過程，尤其在提升思考技術和敏銳度時一定會經歷，而最後決定結果的將會是「問題」。

　　成長會因為問題的品質而產生變化。

好的問題會帶來好的成長。

　　實際上我們可以透過「每個人都做得到的事」來強化問題的品質，就讓我們從現在起養成習慣吧。

　　我常告訴大家以下這句話。

開放式問題是笨蛋的起點。

沒錯，開放式問題不好用，反過來說就是封閉式問題最棒。

那麼，這兩者之間有哪裡不一樣呢？

除了在哲學上是否能用「肯定」或「否定」來回答，如果以行動的差異來做區分，會像以下這樣。

開放式問題＋「思考屬於自己的答案」
＝封閉式問題

我們用簡單的問題來做補充就會是──

你的興趣是什麼？＋「思考屬於自己的答案」＝比方柔術之類的你會有興趣嗎？

我舉個例子，假設我們向人請教先前提過的「會議紀錄」，並在請教過程中提出「會議筆記的重點是什麼？」對方肯定會想說「你根本沒在思考」，因此提問前一定要經歷下方的流程，請讓自己習以為常，把它當作提問的慣例。

會議筆記的重點是什麼？＋「思考屬於自己的答案」
＝我想知道會議筆記的重點，根據我聽到的內容，是
要事前先提出議題嗎？

這樣一來可以讓對方知道「我已經理解到這個程度了！」作答的人也可以提供更精準的答案，假如不這麼做，對方可能會覺得**「我之前不是已經全都告訴你了嗎？咦？你完全沒聽懂嗎？」**。

最後我出一個問題考考大家。

會議筆記與「開放式問題的封閉式問題化」有一個很重要的共通點，請問是什麼？

答案如下。

兩個都是「進化」＝透過思考進化成機會，讓自己可以從主管身上獲得帶來成長的輸入。

沒錯，這點非常重要。

開放式問題沒有經過任何思考，只是隨口喊出「請教我這個～」，但每當我們要讓開放式問題進化成封閉式問題，都需要加入「思考屬於自己的答案」的過程，這會讓我們自然而然地使用假說思考，由於每次提出的問題都需要主管或客戶進行確認，勢必會讓我們有所成長。

會議筆記則是更好的鍛鍊機會，我們讓發言紀錄進化成會議紀錄，再讓會議紀錄進化成會議筆記，這個過程除了結構化，還用上以議題為基礎、假說的進化等所有思考事物的重要技巧。

所以——

如果你能寫好會議筆記，等同於你做好了下次會議用的資料。

因此當你真的會寫會議筆記，也代表你能獨當一面了。

這就是你要寫「會議筆記」而非會議紀錄的原因，能收到很多修改的建議會更好。

開放式問題是
笨蛋的起點；
封閉式問題是
「假説思考」的起點。

026

為了主管

VS

為了客戶

認為自己「要為客戶盡力還早一百年」 比較能提供實際的價值。

這個主題如果不仔細說明清楚，說不定會被誤會。

我們當然是為了提供給客戶附加價值而工作的，這是鐵錚錚的事實，用 BCG 風格的話來形容就會是——

顧客至上。

不過不管是在顧問公司還是一般企業工作，區區 3 年資歷是不可能直接提供客戶或顧客附加價值的，事情沒有那麼簡單。

假如是一般企業，提供價值的人會是處長或科長，如果是顧問公司則會是 MD，即使退一百步也是經理！

這些無疑是事實，當然或許有人在進公司的第 1 年就成為了「頂尖業務」，但能達到這個境界都要歸功於公司或處長等人傳承下來的資源。

既然是這樣，我們要怎麼看待這件事呢？

顧問的職位就如我前面所說，從高到低的順序是「MD、經理、顧問、專員」，因此我希望大家能這麼想。

專員是為了顧問盡力，
顧問是為了經理盡力，
經理是為了 MD 盡力，
然後，
MD 是為了客戶盡力。

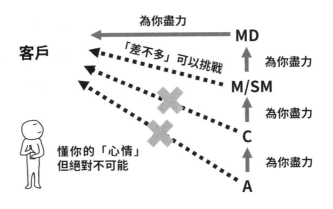

　　MD 站在從專員的視角看不到且最高的立場與客戶對峙，並提供附加價值是最好的做法，這是專業人士的「附加價值最大化法則的基本指南」。
　　接下來我們透過工作分配把指南具體化。
　　狀況會像是以下這樣。

專員做得到的事情全部由專員來做。
如果還有剩下的工作，顧問做得到的事情全由顧問來做。

如果還有剩下的工作，經理做得到的事情全由經理來做。
如果還有剩下的工作，就全部由 MD 來做。

假如硬要用不同的方式來表現——

就是在玩「要怎麼樣讓每小時收費最高且能提供非凡附加價值的 MD 去做只有他們才做得到的部分＝專注在思考和洞察上，不讓他們做那些像是打雜一般，我們就能做得好的工作？」的遊戲。

因此我覺得不只不該讓 MD 檢查錯誤或漏字，專員也該負責去買便當。

如果是一般企業，年資和職位可能沒有反映實力上的差距，所以可以採取更簡單的做法。

從這個團隊裡最優秀的人手上搶走雜務＝我也做得到的工作！

像這樣去看待事情是很重要的思考模式。

提供客戶
附加價值的道路
從「提供主管附加價值」
開始起步。

027

條列式

VS

心得感想

我們小學時不喜歡也不擅長寫「心得感想」，
可是工作時卻會不小心寫出來。

　　我們小學時會在各式各樣的時機寫心得感想，彷彿我們以成為小說家為目標，想要寫些有趣的故事一樣，被灌輸要在稿紙上寫下日本人最喜歡的起承轉合。

　　可是我們不但當不了小說家，就算你滿懷期待地希望自己能走運，也不會剛好遇上「有趣的故事」。

　　因此起承轉合根本派不上用場，這裡我想要表達的是——

像是「心得感想」那樣寫滿直書 400 字稿紙的文章，
請留到寫道歉文時再拿出來用。

　　在商務往來上可以長篇大論外加有起承轉合，或者該說要寫得拐彎抹角的大概只有道歉文了吧？

　　既然是這樣，要怎麼寫會比較好？答案就是**條列式**。

　　條列式真的是最強的寫法，理由如下。

因為一行很短，所以一下就能寫好。

因為一行很短，所以方便結構化。

因為一行很短，所以很好閱讀。

舉例來說，當大家自己一個人去和客戶開完會，我希望你們能在回程路上用下方的形式快速地寫一封信件。

石毛先生、團隊的各位：

我剛才和客戶開過會了，以下簡單和各位做一下分享，詳細內容我之後會再用會議筆記跟大家共享。

・ 關於我們提供的專案啟動資料，對方大致的評價是「沒有突兀的地方」。（很棒！）

・ 尤其是前半段「那個的市場未來預測」，總經理也很關心，感覺我們團隊應該也要多花力氣在那個部分。（加油！）

・ 此外，對方會在他們主導的情況下先把專案啟動資料提供給相關人士。（可以放心！）

這篇信件的文章範例中用了各種形式的技巧和做事方法，比方把客戶的發言用「」（上下引號）框起來，用「感覺～」來描述「自己的意見或立場」，而不是單純講述事實，另外還在（）中加上了一些自己的情緒，讓大家能清楚想像到寫的人的「表情」。

像這些詳細的規則，各位可以看著前輩的信件模仿寫法。

小學時討厭「心得感想」，
現在最討厭「心得感想形式的文章」。

028

「寫好後刪減」的美學
VS
「寫出剛好字數」的美學

不論是 Twitter 還是俳句，
寫任何東西時都不要想一開始就「字數剛好」。

這世界真的是很神奇，有很多「意想不到的服務」深受世人喜愛，甚至還有人沒有它不行。其中一項「意想不到的服務」就是——

Twitter ＝可以發 140 字以下的文章。

說實話，我現在已經有點不太確定 140 字到底是多還是少，對於預測到這項服務將會風靡世界的人的想像力，我只能說太讓人崇拜了。

為了寫出優秀且易懂的文章，有一項必須要放在心上的須知，這不只在寫 140 字時用得到，在寫商務文章時也能派上用場。

那就是——

寫的時候先不要在意字數，寫完再留意字數做刪減。

假設我們要用 PowerPoint 把字寫在方格紙裡，在我們想說「感

覺差不多要 30 字！」時，大部分的人都會開始以剛好 30 字為目標，主張「寫出剛好字數」的美學。

我懂大家的心情，不過那樣**不僅會因為在意字數而省略了想要傳達的訊息，最初想到的措辭自然也會導致內容變得冗長**。

所以我們來定下規則吧。

寫一大堆再刪減，先寫出 2 倍的字數，再刪去沒有用的字。

我覺得這樣的概念還不錯。這樣內容會變得很扎實喔。

寫文章的基本原則是寫一大堆再刪減，

就算一次就寫到符合字數，內容也會變得單薄。

可以先寫 2 倍的量，之後再精簡用語或重複的話，在調整標點符號的同時刪減字數。

真正要 即可

或者該說文章的品質會因為是否經過刪改而改變。

雖然也有刻意讓內容顯得冗長的美學，

在商務文件的世界不通用，「長文美學」是

，知名作家的美學。

那是在寫小說或有必要時才會那麼做。

說起來 畢竟 那個吧

「寫好後刪減」的美學也能磨練文字化的能力，
「懂得轉換成文字」會帶來財富。

029

出席了就要發言

VS

還很菜所以保持沉默

關於要經常展現出願意提供
「附加價值」精神的嚴格規定。

顧問業有條不成文的規定，就是以下這句話。

不發言就不要出席。

這完全是我第 1 年當顧問每次開會時都會胃痛的原因之一。

「既然你沒有要發言，可以不要出席嗎？」這句話的說法雖然有種昭和的年代感，但隱藏在這句話裡的意圖確實是商務人士的必備素養。

不要一副不關你的事的樣子。

要把自己當作當事者。

多了在會議中至少要說一句話的緊張感後，你自然會成為那場會議的當事者，這是我們這麼做的最大目的。

不過除了這個目的外，還有另外的追加要素。那就是——

還很菜才具備的感覺和感受性很重要！

假如其他參加者都是資深成員，那就更重要了。

要是只靠熟悉行銷的成員，也就是只靠「大叔」來想，簡單來說很有可能會變成「偏離年輕人感覺的結果」，因此這句話也帶有「年輕人的發言有它的價值，不要害怕，說出來吧！」的涵義。

還有一個要素，假如這是和客戶開會的場合更是如此——

你也會被挑戰。

請各位不要忘記這件事且必須要有身為專家的自覺，顧問會因為商業模式的關係比較容易理解這句話，但這句話應該可以套用在任何公司的員工身上，你們開會的所有時間都有支薪，因此會被挑戰也是理所當然。請大家從明天起也打起精神去參加會議吧。

出席了就要發言的 TIPS

① 事前偷偷調查好主題的案例，故意不要在事前說。
② 記住下次開會的時間，發言說「下次是幾月幾號開會」。
③ 帶來過去所有資料，發言說「這上面有」。
④ 註釋。把簡報上的註釋視為自己的領地，做好發言準備。
⑤ 與客戶的 No.3 打好關係，營造好聊的氛圍。
⑥ 就算說了奇怪的話也只會被忽略，所以不用擔心。

**「不發言就不要出席」，
這句嚴厲卻溫暖的格言裡其實蘊含著愛。**

030

以 30 分鐘為單位

VS

以 1 天為單位

工作做不好的人的工作計畫
是粗略地以 1 天為單位。

　　這篇我要來聊聊「該怎麼做『每天』的 TASK 管理？」。

　　假如工作是以每個月或每個專案作為單位，團隊會有工作分解結構（WBS），我通常會用分解出來的形式思考這個禮拜要做什麼，當顧問的我在這種時候和在一般企業工作的我有一個很不一樣的地方，那就是——

「要做什麼？」的細節層級從以「1 天為單位」變成了以「30 分鐘為單位」。

　　如果是剛畢業進到 NTT DATA 的我，就會像「今天要製作提案書」這樣以 1 天為單位來思考應該要做什麼，可是我進入 BCG 後，自然而然變成以「30 分鐘」、「1 小時」為單位來思考，既然是以 30 分鐘為單位思考，當然需要更精緻的任務（TASK）設計，也更需要做好**「這個工作大約會在這個時間結束」的工時管理**，因此要是

遇到可能會來不及的情況，必須早點去找經理諮詢，假如確定得在 1
天內產出，就可以安排「某個工作少做一些」等等，**思考是否要強
制加上任務（TASK）的強弱**。

這個做法可以大幅提升生產性。

此外，以「30 分鐘為單位」的任務（TASK）設計在工時管理上
最方便的做法就是——
把工作寫進 Outlook 來管理。
為了避免忘記行程，把工作以「30 分鐘」或長一點的「1 小時」
為單位寫進 Outlook，執行起來會非常容易，類似現代的 Google 日
曆或 TimeTree。
接下來讓我們來看「要怎麼寫？」的範例，請各位看向下圖。

10 月 25 號 星期三	
7:00	檢查信件（每日例行工作）
	檢查「放置熟成一天」的專案啟動資料（→與 MD 共享）
8:00	邊吃早餐邊進行案例研究
9:00	以案例研究為基礎做出簡報
	（嚴禁遲到）評價 FB 會議
10:00	以評價 FB 會議為基礎訂定短期目標
11:00	昨天後續的分析（推測市場規模）
	分析的緩衝
12:00	追加分析（制定多個 KPI 數值）

像上面這樣以每 30 分鐘或 1 小時為區間寫下任務（TASK），
如此一來自然會比較好督促自己，也不會再有拖拖拉拉浪費時間的
情況。
我真的真的很推薦這個方法。

請各位把任務（TASK）的重要程度
或是「完成後要去玩！」的心情
也全都寫進去。

031
把「思考」和「描寫」分開
VS
邊思考邊描寫

我把之後會介紹到的「1 張簡報」
貼到了桌子的前面！

如果有人問我「顧問的工作在做什麼？」我會這麼回答——

輸入、思考、產出。

其實一般企業也是一樣。

如果用不同的切入點來分類顧問，不對，是大家在做的事，會是以下這樣。

思考 or 描寫。

思考指的是「動腦思考」，比方用頭腦＋筆記用具不斷糾結「客戶有哪些煩惱？」或是「訪問時要問什麼？」等題目。

另一方面，我所說的「描寫」不僅包含了使用 PowerPoint 的時間，也有把用 Excel 分頁寫函數的時間算在「描寫」內。

我什麼都不想思考〜
也什麼都不想描寫〜

　　一個人在做的工作不是「思考」就是「描寫」。
　　為了發揮最大的生產力，在執行時有一項很重要的準則。
　　那就是必須把「思考」和「描寫」的時間分開。
　　絕對不可以混在一起。

　　至於為什麼不能混在一起呢？
　　首先「思考」和「描寫」是兩件不同的事，只要看過下圖就能明白了。

「思考」VS「描寫」

「思考」	「描寫」	
	分析	做簡報
· Word 或 Outlook · 最重要的是議題和訊息 · 這時只需要頭腦＋筆 - 不可以邊開資料來看邊思考 · 桌上沒有其他東西 · 星期一的 7 ～ 9 點	· Excel · 最重要的是分析的正確度 · 看到很大的畫面會不禁覺得「我來動手做吧！」	· PowerPoint · 最重要的是看起來漂亮 · 看到很大的畫面會不禁覺得「我來動手做吧！」。

沒錯，「思考」和「描寫」應該看重的地方完全相反，所以絕對不可以混在一起。

為了方便你想像，我們用「製作 1 張簡報」這個工作項目來區分看看。

釐清簡報的議題並思考想傳達的訊息，然後決定要用怎樣的簡報格式，這些完全都是「思考」，這個階段最重要的是議題有哪些，以及想傳達什麼的訊息給客戶。

而當你要依據思考的結果做 PowerPoint 時，會在「檢查錯字或漏字」的同時想著「這樣好看嗎？」、「要用什麼樣的顏色？」的過程中進行「描寫」，原本在「思考」不重要的項目優先度反而提升了。

這就是為什麼「思考」和「描寫」不可以混在一起執行。

一邊開啟 PPT，一邊想要做什麼樣的簡報！

絕對不可以這麼做，同時「思考」和「描寫」是神的領域，千千萬萬不可以把「思考」和「描寫」混在一起。

我個人的推薦是**「思考」時用 Word，「描寫」時用 PowerPoint，把使用的工具分開即可。**

順便說一下，進行分析時「開著 Excel 的分頁，在用 Excel 的同時進行分析」也是很愚蠢的行為。

「思考」和「描寫」
著重的點正好相反，
議題和訊息 VS 配色和整齊一致。

032
用 Word 思考簡報架構
VS
立刻打開 PowerPoint

大家往往認為顧問的主戰場是 PowerPoint，但其實是在 Word。

不只是當顧問，我們在很多時候都會用到 PowerPoint，可是如果追求產出時的最高效率，**把「思考」和「描寫」分開**是很重要的一件事。

因此就算只是 1 張簡報，我也想仔細訂定做 1 張簡報的流程，只要跳過以下任何一個步驟，請都視為出局。

① 明確地把想在那張簡報上回答的「議題（問題）」文字化，最好也把當下暫定想傳達的訊息用文字大致寫下來，當然是用 Word 進行這個步驟。

② 思考要有怎樣的材料或是在簡報的主體寫什麼，才能描述那些訊息，這時當然不會打開 PowerPoint，而是像寫筆記那樣記錄到剛才的 Word 檔裡。

③ 接下來進行訪談、案例研究、分析等，思考 TASK 設計並用紅字追加進剛才的 Word 檔裡，這個步驟也是「思考」，還不可以打

開 PowerPoint。

④ 「描寫」的時間來了，專心執行安排好的 TASK，這個時候不可以再去想「要不要再調查什麼？」感覺像一個勁地在進行作業。

⑤ 以調查到的資料為基礎，在琢磨要用簡報展現的「訊息」時，一併思考主體要寫怎樣的內容去佐證想傳達的訊息，這一步還是要用 Word 喔。

⑥ 之後在想好要用什麼樣的簡報格式後，精練詞句到「可以直接複製貼進 PowerPoint」的程度，這步驟自然還是用 Word。

⑦ 來了，到我最喜歡的時間了，把「要怎麼分配和用什麼樣的色調才會更漂亮？」定為議題，在 PowerPoint 裡執行。

⑧ 最後當然是要檢查「錯字和漏字」。

流程就像以上這樣。

不用我多說，①～③、⑤、⑥**絕對是「思考」的範疇，④、⑦則完全是「描寫」的範疇。**

為了避免「思考」和「描寫」互相混淆，請像這樣徹底地把流程細分成多個步驟，包含做 PowerPoint 也要從 Word 開始著手。

一邊打開 PowerPoint
一邊不斷糾結
「要描寫什麼？」的人
請改用從「Word」著手的方式
來製作 PowerPoint 吧。

033

用 Word 進行分析想像

VS

打開 Excel 慢慢弄

大家往往認為顧問的主戰場是 Excel，
但其實是在 Word。

　　我會像講解 PowerPoint 時那樣，說明要怎麼區分「思考」和「描寫」，分析時當然也和做 PowerPoint 時一樣，不可以把兩者混在一起。

> ① 把接下來想驗證的議題或訊息寫下來，思考「要用什麼樣的材料佐證那些訊息？」，可以的話會想整理到 Word 上。
> ② 寫好後到了「用分析來佐證」的場合，開始思考要用什麼樣的數據或什麼樣的「主軸」進行分析，才能做出佐證那些訊息的材料。
> ③ 再來是想清楚要搭配怎樣的函數或樞紐分析表，或者是什麼樣的圖表，這時當然還沒有打開 Excel。
> ④ 拚命收集數據，除了公司內部的數據外，也要收集來自客戶的數據或公開數據，一個都不要放過。
> ⑤ 以收集到的數據為基礎，修正分析計畫，思考「假如只有這樣的數據，要怎麼分析會比較好？」。
> ⑥ 集中精神且全心全意地配合分析計畫動手分析。

⑦根據分析結果，在必要的情況下重新推敲分析計畫並再次分析，絕對不要打開 Excel 慢慢弄。

　　這次也有清楚地把「思考」和「描寫＝執行」區分開來呢。

　　我雖然是用 Word 和 Excel 當作例子介紹這兩個代表性的工作項目，但所有其他的工作項目也可以做出區分。

把工作項目因式分解成「思考」和「描寫」是提升生產力的開始。

　　綜合以上內容，各位，顧問「最初 3 年」的第 1 年順利結束了。

　　我也是一邊回想在 BCG 的第 1 年一邊寫作，那時真的太悲慘了，由於才華也起不了什麼作用，我只能靠魅力想辦法撐過去，是個必須咬緊牙關忍耐到讓人覺得無法再經歷一次的一年。

　　老實說，曾有人說我會進去是因為「公司錄取錯人！」說真的我有時也會這麼想，卻還是傻傻地堅持做下去。

　　然後在我進公司 1 年又 3 個月時，我和顧問師父「加藤先生」之間的一些無關緊要的對話，讓我像是骨牌效應般理解了一切，抓住所有的訣竅。

我明白了！我掌握顧問是如何用腦和工作，以及提供附加價值的方法了！

　　在那之後我運氣也不錯，不再有人說我是「公司錄取錯人」，能夠暢行無阻且健全地享受顧問生活，明明曾經跌落谷底的我，甚至還順利晉升成經理。

　　現在我可以很肯定地說，顧問的思考邏輯和做事方法毫無疑問——

完全是技術，我不僅親身證明這些可以靠後天學習，也堅信真的可以做到。

　　而且我非常認真地覺得，**要是我剛畢業進 NTT DATA 工作時具備顧問的思考邏輯和做事方法，工作肯定會做得更開心，而且還會脫穎而出。**

　　我想大家應該還沒有被人說過是「公司錄取錯人」。
　　所以請你從今天起直接把本書寫的內容記下來並實踐。
　　一切將會有所改變。
　　你一定會有巨大的轉變。

「顧問最初的第 1 年」
也在此宣告結束，
恭喜各位
成功地「Survive ＝活下來」。

學了這麼多才第 1 年，
未免也太扎實了吧？

第 2 年和第 3 年還會變
得更扎實喔。

思考的
引擎

2

「驕傲自負」⇔「信心受挫」

來回反覆的第 2 年

「第 1 年」和「第 2 年」不一樣，感受到的壓力差非常多。由於「第 1 年」打好了顧問的思考邏輯和做事方法的基礎，「第 2 年」可以做到的事和被交付的工作也變多，是一段可以感受到做顧問樂趣的時期。

除此之外，還多了以下的壓力。

- 開始被視為戰力，在內心自然產生「我必須在一天或一個禮拜內提供客戶附加價值」的意識，並在對自己施加良性壓力的同時──
- 有了「希望我可以比同期同事早晉升到下一個 Tenure（＝職稱、職位、職務），不對，是不想比同期同事晚晉升！」的壓力。
- 更重要的是多了比自己「晚進來的」後輩，不論在好或壞的方面都造成壓力。

這些壓力在第 2 年變成動力，成長的速度確實變快了。

那時師父告訴我的話，我至今仍深感認同。

加藤先生：「成長要到回顧時才會有真實感，拚命努力時是感覺不到的。」
水越先生：「和別人做比較？不對，你只需要和以前的自己做比較。」

這兩句話是他們在我感到不安且懷疑自己「我有在成長嗎？」時告訴我的話，很感謝他們對我說出彷彿漫畫中會出現的台詞。

　　我想各位有時候也會因成長而煩惱，這時請想起我收到的這兩句話。

　　那麼，讓我們繼續吧。

　　成為顧問的第 2 年，正式開始。

034

HOW 洞見
VS
WHAT 洞見

從今天開始是第 2 年，我希望大家能有
被要求提供大量附加價值的覺悟。

從今天開始是成為「顧問的第 2 年」，讓我們繃緊神經吧。

說到顧問這項工作，或者該說很多在當顧問的人認為自己的職責是以下這樣。

找出客戶找不到的課題，或者是想出客戶想不到的超級性感解決手段。

顧問會因為產出而得到好評，要有產出才能得到高額的顧問費也是事實，但在產出之前，還有其他更重要的部分必須動腦思考。

我提過很多次了，要有任何產出時的步驟是大家已經熟悉的——

［ 議→次→ T →排→執→產 ］

需要訂定議題並把問題分解成次要議題來設計 TASK，然後拚了

命地執行才能產出。

重複這些步驟後能找出客戶找不到的課題，或者是想出客戶想不到的超級性感的解決手段當然是在 [執→產] 的階段。

這是理所當然的事，然而大家常常會忘記「為了發展到偉大的 [執→產]，在那之前得讓 [T] 變得性感才行」。沒錯，**[T] ＝要是 TASK 設計不性感，就不會有屬害的 [產] ＝不可能會有任何產出**，因此如何花心思在 TASK 設計上，推敲並琢磨出華麗的任務（TASK）變得很重要。

如果換一個說法，就是只要能好好完成 TASK 設計，之後的 [執行] 由誰來做都可以產生附加價值。

一般容易誤認顧問是「在做企劃或以創新為工作的人」，然而顧問最重要的工作其實是以下內容。

徹底使用「HOW 洞見」的思考來想要做什麼樣的 TASK 才會有性感的產出。

另一方面對菜鳥成員來說（不是負面的批評），很難在發現課題和創造解決手段的 WHAT 洞見贏過經理或 MD，更重要的是我打從心底希望通常負責執行的年輕新人或菜鳥成員可以把**「HOW 洞見比 WHAT 洞見好」**這句話設定成手機的待機畫面。

我在這邊會介紹幾個 HOW 洞見的例子，接下來請大家宣示：

「我們會利用 HOW 洞見提供附加價值！」

HOW 洞見問題
如何讓葡萄酒公司銷售業績提升的專案將在下禮拜開始起跑，所以

你必須在這個週末對葡萄酒業界有所了解。

請問各位會選擇做哪種 TASK 呢？

我先說 HOW 洞見＝咦？我以前沒有想過，但那樣做好像不錯。

　　好了，你們會怎麼做呢？

　　我先舉出一般在提供顧問服務時很可能會採取的 3 種做法，請各位務必要想出這 3 種以外的方式。

實際去和客戶是競爭對手的葡萄酒專賣店，自費買幾瓶葡萄酒。

　　這確實是常見的做法，也被稱為神秘客，在「不被識破」的情況下去店裡消費並嚴格地確認各種細節，就像給米其林星星的人一樣。

買下過去 2 年出版的葡萄酒專業雜誌。

　　這也是一般會做的事，專業雜誌正如其名，市面上多得是只有「業界人士」會看且內容過度狂熱的專業雜誌，由於要買需要花時間等雜誌寄來，通常會跑去出版社買庫存，以盡快拿到手為目標，還有就是這種「專業雜誌」很少派得上用場，這是我的經驗法則。

聽取公司內部懂葡萄酒的同事的意見。

　　這也是常用的手法，我在 BCG 時也曾「寫信給全公司」，以這次的案子為例，我大概會用「我有一個葡萄酒的案子，想聽聽懂葡萄酒的人的意見。我會請吃午餐，請有意願的人跟我聯絡」這樣的感覺簡單地聽取意見，然後製作出假說。至於我為什麼會這麼做，是因為這樣不只問的人是顧問，提供意見的「受訪者」也是顧問，溝通起來自然很有效率。

而且過程中還可以順便進行假說的討論，因此真的很常看到像那樣的信件。

不過可惜的是這 3 種做法都不能算是 HOW 洞見，接下來我想和大家分享新的 3 個會讓人覺得「這就是 HOW 洞見！」的例子。

HOW 洞見問題（解答篇）

① 不看葡萄酒的專業雜誌，而是看能了解產業整體情況且非常好懂的作品＝漫畫《神之雫》。

就是這個，這完全是我希望你們能當作目標的 HOW 洞見，漫畫家真的很棒，漫畫家不僅做過極多的調查，還挑出了有趣的部分，包含已經變成常識的部分也會仔細地畫進漫畫中。

例如你如果想了解美式足球，可以先去看《光速蒙面俠 21》，我調查完後發現有各式各樣的漫畫，看漫畫絕對是含有基礎知識且學習通用性高的最佳作戰計畫。

② 既然要買專業雜誌，不如趁機和專業雜誌的負責人聊聊。

我在當顧問時也常做這件事，葡萄酒的專業雜誌即使買了也不會看，那畢竟是給業界專家看的雜誌，內容本來就太過艱澀，門外漢的我們看了當然也無法理解。

我那時到處蒐購了 2 年份，甚至搞不好有到 3 年份的舊雜誌，我把那些當作伴手禮送給負責人後，得到了和對方聊聊的機會，這點希望大家務必要學起來。

我想不用我多說，只要能和負責人打好關係，就可以問對方各種深入核心的問題，比方「最近開了很多葡萄酒專賣店，你覺得什麼是決定一家店成功與否的關鍵？」等等，無論你問的問題有沒有寫在雜誌上，都可以請對方思考，對方的每一句發言都不會公開，但和受訪者在聽取意見時發表的言論有同等或以上的價值。

③去非連鎖店的獨立義大利餐廳，在喝完 1 瓶葡萄酒並準備喝第 2
　瓶時找機會和店長說話。
像這樣的行為百分之百是 HOW 洞見的範本，不但可以藉機理解難
以接觸到的「葡萄酒流通與批發」的世界，更重要的是客戶沒有做
過這樣的事，因此這份訪談可以為客戶帶來驚人的價值。

　　以上的分享，各位看完覺得怎麼樣呢？

這些就是我心目中的 HOW 洞見。

　　我希望你們不要把力氣花在乍看之下很厲害的 WHAT 洞見，而
是對 HOW 洞見有所堅持。

　　這邊要請大家看向下方的圖片。

圖解！顧問的工作在做什麼？

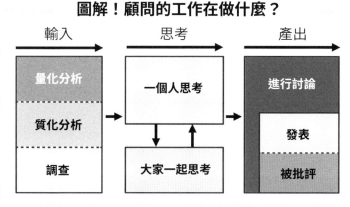

　　圖上所指的「輸入」並非單純去分析市調公司安排的訪談，或
者是客戶提供的數據，而是——

透過「鍥而不捨地」奔波收集來的真實輸入，
思考要如何製作出有溫度的素材？

　　這不但是顧問展現實力的時候，也是菜鳥成員可以提供附加價值的地方，會「製作素材」果然就可以獨當一面。

　　製作素材的方法就像前面提到的那樣。

　　「顧問」在做的工作比想像中還需要鍥而不捨，尤其從 HOW 洞見出發更是常常需要你「鍥而不捨地」努力，這一點不只是顧問業，即使在一般企業也是一樣。

　　因此接下來幾篇請讓我傳授幾個關於「製作素材」的顧問思考邏輯和做法給大家。

**請你動不動就要大聲喊出
「HOW 洞見不夠！
我要提出更多的 HOW 洞見！」**

035

看完 Goooooooooogle

VS

看完兩頁

你過去在用 Google 搜尋時
曾經看到第幾頁？

　　真的是這樣呢，還是年輕新人或菜鳥時如果想要提供價值，最該做到極致的果然是這件事。

製作素材中的「調查」。

　　針對「調查」這件事，我想提一些顧問的思考邏輯和素養。
　　說到「調查」的重點，當然是以下這點。

毅力，從頭到尾調查所有地方的毅力。

　　只要夠有毅力，你真的可以辦得到。
　　當然在思考的技術方面還有很多訣竅，但菜鳥成員知道的有限，要提升技術也沒有那麼容易。
　　在這種時候毅力變得極為重要。

現代在「調查」時不可或缺的是常被人用「老師」來尊稱的 **Google 老師**，我相信大家一定也會用 Google 搜尋、常常請 Google 老師幫忙，但各位查詢時都會看到第幾頁呢？

例如我們要調查柔術的其中一項技巧——「壓腿突破」（Stacking pass），大多數的人通常只會看一頁的資料，或是頂多看兩頁吧？可是這樣根本算不上「調查」。

我舉個例子，假設客戶指定要我們調查某樣東西，這種時候大家最該感到害怕的是聽到客戶說出以下這句話。

「這一頁你看過了嗎？（你沒看吧？）」

客戶說出這句話的瞬間，你已經失去對方的信任。

年輕新人和菜鳥成員要是連 Google 搜尋這種在某方面來說「光是調查就能提供價值，只要去做就能收到美妙的感謝」的工作上都賺不到分數，大概沒有其他可以得分的地方了。

因此我們——

必須調查到 Gooooooooooogle 為止。

不斷地按下「下一頁」，直到 Google 老師感到厭煩前都不能停手，判斷的標準如下。

搜尋的關鍵字「字面和念法」相同，卻出現了意思不同的資訊。

比方要是用 Google 搜尋我創辦的「思考的引擎」，查到第十頁時會出現「……思考。車子的引擎是……」這種車子的「引擎」和偶然出現的「思考」剛好放在同一頁的頁面，而不是學習議題思考

的「思考的引擎講座」。

就算說要調查到底，真正能做到的人卻很少，所以請大家務必要趁現在把以下的想法視為常識。

不調查到底不舒服。
不調查到底坐不住。
不調查到底不像話。

最後我想分享一個「我在 BCG 時的好友的太太＝真弓小姐」的小故事。

聽說她在要去伊豆旅行並尋找住宿地點時做了一件事，那就是確認了**伊豆半島所有住宿設施**的官網，最後她找到一家不但一休 .com 等網站上沒有，還是很有秘境感的超讚住宿設施。

調查方式的好壞當然也有影響，不過在討論調查方式之前，重要的是擁有讓人覺得「居然有辦法調查到那麼深入？」的瘋狂心態。

養成擁有瘋狂心態的習慣，
讓 Google 老師說出
「已經沒有更多資訊了！」。

036

國會圖書館的顧問
VS
Google 搜尋引擎的顧問

過去正因為「不方便」，
要在仔細思考後才有辦法行動。
可是現在太方便了。

各位有去過國會圖書館嗎？

在 Google 老師還沒有出道時，我們這些顧問中的小嘍囉也和現在一樣，為了在沒有答案的遊戲中獲勝而瘋狂地四處奔走，調查各式各樣的情報，而在眾多管道之中，**國會圖書館**是我們可靠的夥伴。

當我們在網路上找到疑似有關的「高價書」，或是想看 20 年前以上的老舊地方報紙時，國會圖書館就是我們的綠洲，所以我剛開始當顧問時，常會採取以下的行動。

總之先去國會圖書館吧！

其實這是最差勁的做法。

這就像在必須買禮物時做出以下行為。

總之先去伊勢丹百貨！

由於沒有決定好要去哪一層樓和哪家店，甚至也沒想好要買什麼，最後只是到處亂晃浪費時間，然後浪費錢隨便買了一個看上的東西。正確做法應該是要在去伊勢丹百貨前先仔細想好要買什麼，以及可能會賣的有哪幾家店和店家在幾樓，還有該依照怎樣的順序去看會最好，然後再來採取行動。

然而**人一旦被時間追著跑，就會想先行動再說。**

可以說和以前的我完全一樣，患有「總之先去國會圖書館症候群」。

說起來要是因為「不知道該調查什麼」而感到心煩，就算去了國會圖書館看到那麼多書，應該也只會覺得自己「不可能找得到」。

因此如果是去國會圖書館，最重要的是事先仔細想好以下的問題。

我想知道什麼，我可能可以在哪本書的哪個章節找到，國會圖書館有那本書嗎？如果有的話會在幾樓？

以下說法雖然會自相矛盾，但調查這件事確實會有這種狀況。

開始調查就輸了，結果在調查開始前已經決定好。

因此請在調查前徹底想好「我要把什麼調查清楚？」這點很重要。

調查時禁止
「總之先行動」，
調查前要先思考！

037

像在看魔術一樣
VS
反應平淡且冷靜

同時身為 CDI 王牌和 oriri 代表的「小川先生」
教我的顧問應有的態度。

我在這一篇要傳授「調查」的心態給大家。

不管採用哪種方法,「調查」都是一件麻煩的事,所以我們進行調查時常常會在不知不覺中擺出冷淡的態度。

可是不管我們「有多害怕客戶說出『那個你看過了嗎?』」,又或者在開始時有多瘋狂,中途都有可能會逐漸感到疲憊,因此調查時我們必須自己幫自己炒熱氣氛。

這時我希望你們想像以下的情景。

你看魔術時的反應。

而且還是魔術師看了會很開心的超好反應。

具體來說大概是下方這樣的反應。

　　　　　　「驕傲自負」⇔「信心受挫」來回反覆的第 2 年

「哇～～～不會吧？！咦？你怎麼知道的？黑桃 3？我要起雞皮疙瘩了！」

請你先坦率地融入且樂在其中，盡情地享受這場魔術。

然後再去想「他是怎麼辦到的？是什麼樣的機關和手法？」思考魔術的架構和背後的原理，這就是享受魔術的方法，也是受歡迎的秘訣。

然而大多數人不知道為什麼喜歡做出以下的反應。

冷冷地看著並表示「喔～反正一定有什麼機關吧？」。

接著說道：

「我對機關或手法一點興趣都沒有。」

這樣是不可能會受歡迎的。

其實這和「調查」完全是一樣的道理。

即使反應平淡地把調查當作工作來做，也不會有好的結果，重點是要用像在看魔術的心情進行調查。

「我終於找到了！Lucky！什麼？原來是這樣啊～所以這個為什麼會變成這樣？」

就像這樣，關鍵在於自己炒熱氣氛。

總結來說，我把在從 035 算起的連 3 篇內說明的觀念稱作為「調查心態」。

「調查心態」指的是

①瘋狂地調查到最後、

②調查前先思考、

③用像在看魔術的心情調查。

038

Day0（Day Zero）

VS

Day1（Day One）

掌握「Day 0」的人也掌握了專案。

各位的工作從什麼時候開始呢？
各位又是什麼時候開始工作呢？
我們用問答的方式來思考看看。

> 前陣子某個專案結束，暫時有段空檔的我參加了 Tri-Force
> 大島週五早上 11 點的課。柔術最棒了，可以讓我度過「什
> 麼都不想，忘掉一切」的時間。
> 課程結束，我和石毛老師道別後前往車站，這時公司負責
> 安排人力的團隊打電話來，時間是下午 1 點，我有種不好
> 的預感。
>
> 「高松先生，你現在方便說話嗎？我是梅原。」
> 「哦，梅原先生，你好。你現在也在喝可樂嗎？」
> 「下一個案子敲定了，從下禮拜一開始。」
> 「是什麼樣的案子？」
> 「這次的案子是保險公司的人事制度專案。」

「喔，加藤先生那個案子嗎？我明白了。」
「我等等把資訊寄給你，聽說禮拜一早上 9 點要開內部會議。」
「我知道了。」
「先這樣！」

鋪陳得有點久，接下來是問題。
你想從下列哪個時段開始工作？

A. 接到電話的瞬間，星期五的下午 1 點
B. 當然是下禮拜一的早上 9 點

我們先統整一下名稱。
專案開始的日子＝「Day1（Day One）」
專案開始前的日子＝「Day0（Day Zero）」
用這樣的方式來稱呼。

「DAY0」的工作方式將會拯救未來的自己

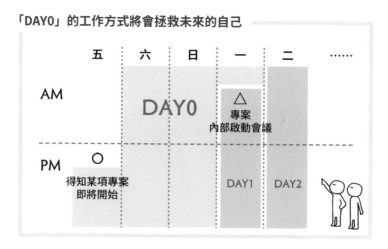

做專案時自然不用說，能在工作上和別人「拉開差距」的決定性關鍵就是——

你如何度過「Day0」。

「Day0」決定了一切，真的非常重要。

不過這裡當然也有 VS。

「反正」下禮拜都要開始忙了，乾脆去玩吧

VS

下禮拜要開始忙了，先「盡量」做一些工作吧

這兩項對立真的讓人很糾結。

我懂各位的心情，工作是個很神奇的東西，被它追著跑時會很痛苦，但只要稍微超前一些就能享受到工作的樂趣，因此我們可以選擇在 DAY1 來臨前先為 DAY1 做好準備。

那我再出一個問題考考大家吧。

> 我當然是取消週末所有的預定，為「DAY0」空出了時間，
> 目前唯一掌握的情報是剛才通電話時提到的「案子是保險公司的人事制度專案」。
> 好了，各位會怎麼度過 DAY0 呢？

這裡勢必也要用到前面提過的「HOW 洞見」，既然題目是「保險公司的人事制度專案」，我們要做什麼才能克服這個案子帶來的挑戰呢？

我先寫下一般人會做的事吧。

① 去新宿的伊紀國屋書店，買下 5 本與人事制度有關的書，以防萬一也買 1 本保險業界的書。

這是 MUST 要做的事，當然你也可以在 Amazon 上網購，但你當天沒辦法讀到，而且挑選時需要運用直覺，從封面給人的感覺和目錄，還有短暫閱讀的感受「哪本比較好？」所以我建議直接去書店。

② 一定要盡快拿到「提案書」。

這也是必做的行動，不論是什麼樣的專案，最重要的就是要看過提案書，收集四散在提案書裡的關鍵字，更重要的是我們必須掌握客戶在煩惱什麼，以及我們應該要建立什麼樣的假說和該從哪裡著手。

③ 還有當然要和 Google 老師深入交流。

以從書本和提案書得到的「關鍵字」為基礎，開始用 Google 進行搜尋，請拿出「我要把所有相關網站都看完，變成最了解這件事的人」的瘋狂精神。

以上的確已經算做得不錯的 DAY0，但大家的實力應該不只有這樣。

HOW 洞見啊，降臨吧！
你們身上沒有任何限制！
用天馬行空的想像力創造出最棒的 TASK 吧！

我在這邊先舉出 3 個我喜歡的 HOW 洞見當例子。

①果然還是問夥伴比較沒有顧慮，可以問他們真是太棒了，因此我會去找熟悉相關領域的夥伴，用盡各種手段把他們找出來。

　　DAY0 的成功與否有很大部分是從這一刻開始，像我的夥伴就是土居之內，由於這次的案子是人事制度，需要徹底尋找有沒有和自己關係不錯且在「人事部」工作的人，然後在不違反保密義務的範圍內提出各種問題。

　　比方以這次來說，可以直接和對方討論「以你目前的認知，你覺得日本人事制度的課題大概有哪些？」過程中一定會出現不懂的名詞，記得把它們筆記下來並查清楚，這樣一來也能減少處理案子時說出「那是什麼意思？」的機會。

　　其中最重要的是下面這點。

和對方保持以後還可以隨時請教的關係。

　　目前還在 DAY0 階段，自己不見得有辦法徹底理解專案的議題，再說 DAY1 後可能還會有想問的問題，因此建立不是只有這一次，而是之後隨時都能請教的關係很重要。

②不可以只去包含 Amazon 的普通書店，也要去二手書店尋找「古典」名著。

　　我到現在都還記得，因為人事制度手冊可能會成為專案中的議題，我去書店裡找書卻找不到可以作為參考的書，後來我跑去問神保町的二手書店，得到了寫有人事制度手冊實例的二手書，我這樣可以說得上夠執著吧？

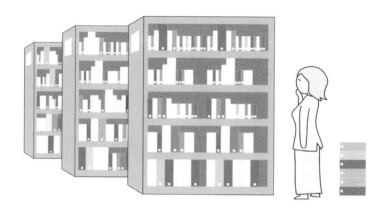

③這個世界上不是只有公開的資源，Twitter 和部落格是最適合收集「新鮮」情報的管道。

　　一旦開始工作，果然會下意識地去尋找「正式的資源」，像是書或者是專業雜誌，然而屬於內部機密的人事制度情報不太可能會拿到檯面上討論，這種時候就要在 Twitter 或部落格上面尋找「過去的事、抱怨、碎念」，尤其是 Twitter 只要一個個私訊對方，說不定還能獲得直接訪談的機會。

　　現在才說這個可能有點晚了，但學會如何使用社群媒體真的很重要。

　　我希望大家能像上方這樣，在讓 HOW 洞見自由翱翔的同時度過最棒的 DAY0，否則等到 DAY1 到來會對你相當不利。

　　你是為了自己才在 DAY0 做準備，不是為了公司。

　　有這樣的認知真的很重要。

起點不是 DAY1，
決勝關鍵是 DAY0，
在開始前做好準備吧。

039

誰記錄下來的？

VS

誰說的？

我把天才市井先生說的話仔細地記錄下來後

被誇獎了，

這麼做也有附加價值。

　　不論是提供顧問服務還是要發展事業，「討論」和「開會」是每一天、每一週都要反覆進行的活動，顧問業通常會是總監在會議現場說出嚴厲的發言，而在一般企業做這件事的人則會是經理或執行董事。

總有一天我也想說出那樣的話。

　　我心中常會有這樣的想法。

　　我在 BCG 時曾被指派負責收購馬來西亞的人力仲介公司（相當於日本的 Bizreach）的專案，並得意洋洋地參加了專案啟動會議。

　　到現在也和我很要好的市井先生（我當時在 BCG 的搭檔，他現在已經是貝恩策略顧問公司的高階主管）在會議中說出許多極具洞

察力的發言，炒熱了討論的氣氛，也就是說「發言的市井先生」是這場會議中提供最多價值的人。

我因為自己要做統整，在會議結束後把討論內容做成了「會議紀錄」，以「這是我的備忘錄」的方式分享給包含市井先生在內的所有人，這份備忘錄在製作專案啟動資料時還成了基礎的素材。

大家像平時一樣做出了 28 張左右的 PowerPoint 資料，然後在客戶那進行討論，也討論得非常熱烈，經理在回程的計程車裡笑著說出了這句話：

「我們用高松先生的觀點贏得勝利了呢。
你那個競食效應的分析真是做得太棒了。」

我記得我那時超級驚訝，**因為我只是把市井先生說的話記錄下來而已。**
不過我還是被誇獎了，所以在那之後就算沒有人交代「你來寫會議筆記」，我也會率先做好準備，然後每一次——

我明明只是記錄下來，
卻自動變成了我的成果！

這個真的是一個重大發現。
畢竟我以前都覺得**要從 0 開始創造或發言才有價值，沒想到光是把那些好好「記錄下來」也有價值。**

當然討論是複雜的，不但是高情境，也會有議題從四面八方飛來，或者是發言中參雜笑話等等，要「正確地」記錄下來其實很辛

苦也相當困難。

　不過要是能擔保一定的品質，大概就像是「50 分＝假如要刪改，會有一些地方被改掉」的程度。

第一個記錄下來的人功勞最大！

　所以請大家從今天起也開始積極地抓住每一個「記錄下來」的機會，**當你從「被迫」做會議紀錄變成「主動」做會議筆記，代表你已經是個優秀的顧問。**

　我再補充一點，你要是在一般企業內這麼做，肯定會所向無敵。

> 從今天起成為
> 一臉若無其事地說
> 「我寫好會議筆記了喔」的人吧。

040
第一手資料
VS
第二手資料

世人很容易被「第二手資料」誤導，
所以我希望你能培養出不會誤判的眼力。

一開始我想和大家分享我很喜歡的一個小故事。

有兩個賣鞋的業務員來到了南洋的孤島。

他們看到島上的人，發現所有人都沒有穿鞋。

其中一個業務員寄了寫有以下內容的信給總公司。

「我來到了一個鬼地方，我們在這裡一點機會都沒有，因為沒有任何人穿鞋。」

然而另一個業務員興奮地打了以下的電報給總公司。

「我來到了一個超棒的地方，這裡還沒有人開始穿鞋，我們可以賣出好多鞋。」

各位看了這個故事後，讀到了什麼樣的訊息呢？應該有很多吧，我第一個讀到的是類似下方的訊息。

要把眼前的狀況看作＋還是－，全看那個人怎麼想！大家積極一點！

我想有不少人都會這麼想。

不過呢。

我認為這是教會我另一個重要道理的故事。

不同的人看事情的角度會有 180 度的差別，因此絕對要養成「自己親眼去看並接收第一手資料」的習慣。

沒錯。

我們在思考任何事情，尤其在做重大決策時，**不要以第二手資料為基礎來做判斷**是很重要的一件事。

我用一個比較簡單的案例來解釋，假設大家在工作時聽到了以下的言論。

聽說總經理比較反對新事業，因此以既有事業為基礎好像會比較好。

這種時候請把你和說話者的信任關係放到一旁，然後隨時打開那個開關，沒錯，就是去**收集第一手資料的開關**。

以這次的案例來說，答案會是──

那我直接去問總經理。

這樣的態度可以避免我們在工作上犯下大錯。

當然這也不是每次都能做到，但我希望你至少腦中有個角落能夠想到**「這個情報是收集到了第一手資料 VS 這個情報是滿足於第二手資料」的 VS**。

不過實際上像總經理這樣的重要人物通常很忙，而且還很可怕，很少有人能夠拉近與對方的關係，這也間接導致包含想像在內的第二手資料更容易蔓延開來。

然而前面提到的案例在仔細問過總經理之後，通常會出現下方這樣的對話。

「總經理您覺得不要考慮開創新事業會比較好嗎？我聽說您不太喜歡新事業，所以想和您確認一下。」

「不，我不是這個意思，一般都認為新事業是成功機率『極低』的難事，因此我想表達的重點是不要輕易認為新事業可以提升銷售業績，不是不喜歡。」

通常到最後很可能會演變成這樣。

前後的語意落差很大吧？所以請大家銘記在心。

不要滿足於第二手資料，一定要去收集第一手資料。

這在搜尋文章時也是同一個道理。

比方我們常會使用網路或 NIKKEI TELECOM 這類的情報源搜尋與主題相關的文章和輸入素材，然後在找到好文章時比出勝利的姿勢，急著想把文章放進簡報裡。

但我希望你在這種時候一定要喊出「我只相信第一手資料」，立刻採取行動做確認。

這篇文章的來源是什麼地方？
我要去看並獲取第一手資料！

如果用刑偵劇來舉例，這麼做簡直就像在問「你查證過了嗎？」的劇情呢。

> 如果你能說出「雖然還沒找到第一手資料，
> 但你不覺得這篇文章很有趣嗎？」，
> 代表你已經獨當一面了。

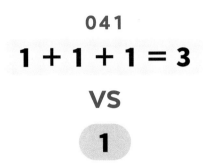

041
1 + 1 + 1 = 3
VS
1

就算 1 篇文章不夠，
3 篇結合在一起就會有「價值」。

我想傳授迅速搜尋文章時的 Tips 給大家。

以文章作為討論素材時最需要注意的，當然是先前提到的「堅持選用第一手資料」，不過我們不見得能那麼輕易地找到第一手資料。

可是要是直接用 1 篇文章來當作素材，會給人以下的感受。

你這個只是單純把這「1」篇文章做成簡報吧？

大家意外地沒辦法從 3、4 個複數來源收集同一個主題的文章，再以那些為基礎做出 1 張簡報。

有嘗試過就知道，當你一篇一篇仔細閱讀時，常會有「那篇文章裡沒有寫到這個，但這篇文章裡有寫」的情況，其實只要細心拆解，這些文章就可以變成很棒的素材。

我舉個例子，假設有某間公司的總經理接受不同媒體的數次採

訪，每次都分享了自己的成功案例，但總經理也是人，所以就算是同樣的採訪主題，他說出的內容也會有些微差異，有時也會不小心說錯話。

　　所以如果你想要找出那位總經理事業成功的原因並做關鍵成功因素分析（KFS），看了 1 篇文章也不能放心，應該要繼續搜尋第 2 篇以後的文章。

　　我再重複提醒大家，**從 3、4 個複數來源收集同一個主題的文章，再以那些為基礎做出 1 張簡報**是搜尋文章的鐵則。

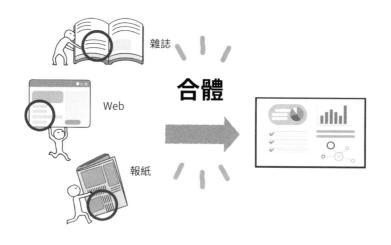

> 文章會因為寫的人不同而不一樣，
> 光是把它們結合在一起，
> 就能變成帶有啟發性的事實。

042

拿起白板筆

VS

不拿

顧問通常很喜歡白板，
我家裡也放了一個超大的白板。

　　第 2 年即將結束時，作為一名還算像樣的顧問，你勢必得學著自立，一般企業應該也是這樣，新人在第 1 年時還不打緊，但到了第 2 年底下開始有新的新人進來，你不能一直停留在「菜鳥」的狀態。

　　然而論實力當然還是擔任經理的人強上許多，即使只是一場討論，你往往也只能從頭到尾都對經理說的話感到佩服，在心裡浮現以下的想法。

他怎麼有辦法馬上想到那樣的事？

　　同時一味地努力記錄下他說的話，可是你這樣不管過再久都無法說出「我已經獨立了」這句話，因此我希望你能在這時鼓起勇氣做一件事，那就是──

為了拿白板筆而站起來。

是國王！

掌控一切的國王！

拿著白板筆的姿勢會讓人產生一種「我已經掌控一切的感覺」，能夠帶來正面的影響，寫白板用的筆（白板筆）就是擁有這樣神奇的魔力。

如果你是參加視訊會議，僅有共享畫面的效果會太弱，所以請你用以下的方式。

共享畫面＋自己拿筆寫在筆記 App 上。

只要做這件事就好，請各位一定要鼓起勇氣去做，真的光是拿起筆來就能讓你感覺自己不能置身事外。

這應該和在居酒屋「拿起菜單」是同一種效果，那個人不過是在看手上的菜單，卻不知為何散發出一種領導者的氣質，雖然他根本不是領導者。

在有主管參加的會議中
拿起白板筆，
這真的是跨出了一大步。

「驕傲自負」⇔「信心受挫」來回反覆的第 2 年

043

9 格法

VS

空白簡報法

將棋是 81 格，圍棋是 324 格，
而顧問則是 9 格！

　　如果是顧問業的人可能很難注意到，但顧問真的常用一些很難
懂的詞彙。

　　以下這個就是其中一個代表。

9 格法。

大家知道 9 格法嗎？

9 格法是單手拿著剛才提到的白板筆就能畫出來的圖形。

所謂的 9 格法是在製作 PowerPoint 時把整張白板用「2 條直線和 2 條橫線」分割開，將白板分成 9 個格子並把每一個格子視為 1 張簡報來思考簡報架構。

至於 9 格法的呈現方式，請看下方的圖片。

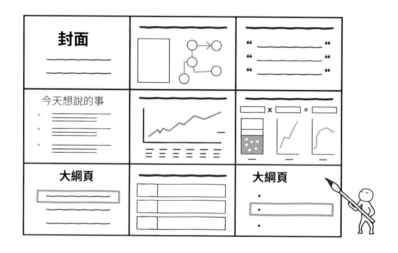

9 格法會用 9 個格子來展現從封面開始的簡報故事線。

實際使用的簡報一般不只有 9 張，可能會到 28 張，但這上面是只挑出其中的關鍵頁面，也就是用來構成故事線的簡報，並將其具體畫出來的想像圖。

這就是 9 格法。

只統整出整份資料包（Package）中的 9 張關鍵簡報的做法即是 9 格法。

有的人也會用「3 條直線和 3 條橫線」分割成 16 格。

另外還有一種有同樣的用途，但做法完全不一樣的方法，那就是——

空白簡報法（日文念法：karapakku）。

也有人稱之為「架構法」或「連環話劇法」。

空白簡報法指的是在製作 PowerPoint 時只寫標題（訊息框）的做法。

順道一提，我是反對空白簡報法派的，所以如果刻意要下更進一步的定義，我的看法會是以下這樣。

空白簡報法指的是在製作 PowerPoint 時只寫標題（訊息框），雖然有思考的意願，卻沒有產生出任何東西，換句話說就是空白簡報法做了也是白做。

空白簡報法真的一點都派不上用場，我希望大家之後不要再用了，原因在於如果只是要確認單純寫了標題的簡報，根本不需要做成 PPT，用 Word 來做絕對更一覽無遺且容易審視，既然都寫上標題（訊息框）了，也要認真寫好主體的內容才有意義。

因此平時我都這麼說：

「從空白簡報法誕生的簡報已經死了。」

假如經理有絞盡腦汁去想，根本不會做出空白簡報，用 Word

就能做出厲害的故事線並發給成員，不然就是成員寫來當草稿的。你沒有時間好好思考，一直把思考的時間延後，**不得不假裝自己有在想時才會做出空白簡報。**

你要是有在認真處理專案時，絕對不會做出空白簡報。

> 我想表達的是
> 事情不要做一半，
> 一起愛上 9 格法吧！

044

執行摘要

VS

封面

執行摘要簡稱為「執摘」。

　　成為顧問的第 1 年學的是如何製作「素材」＝如何做出好的輸入，換一個比較帥氣的說法就是——

HOW 洞見。

　　我提過好幾次，只要材料夠好，剩下的團隊會一起處理好，所以製作素材是第一優先，請一定要記住這一點。

　　不過進到第 2 年後，你已經有辦法做出 1 張簡報，到了想要慢慢增加到 3 張、10 張的時期。

　　所以我在這裡想詳細地傳授製作 PowerPoint 資料的方法，我要談的並非實務上的 PowerPoint 技巧，而是顧問用語中被稱為「打包」（Packaging）的整份資料的製作方式。

　　在製作 PowerPoint 資料時，請你務必要記住一句格言。

比起「封面」，第一個要做的是執行摘要！

以下是我對執行摘要的解釋。

執行摘要就是針對那些傲慢地表示「我沒時間把資料全部看完，而且看完超級麻煩」的重要人物或身分地位高的人，把「想說的話」、「想傳達的內容」統整起來的簡報，簡稱為執摘。

又或者，我喜歡的叫法是「統整簡報」。

有哪些字是「執」開頭的？

這傢伙是顧問嗎？

執摘。

我一開始要先從結論講起。

不管 PowerPoint 的資料有幾張，最重要的都是執行摘要，你必須率先把它做出來。

無論如何都要記得在一開始先寫好執行摘要。

我接下來要說明從執行摘要開始做起的 PowerPoint 資料製作方式，首先是產出做法的整體架構，這部分就如同我之前不斷重複的咒語──

「驕傲自負」⇔「信心受挫」來回反覆的第 2 年

[議→次→Ｔ→排→執→產]。

上面的「產」正是這次的主題，也就是製作 PowerPoint，因此我們必須走完 [產] 之前的所有流程。

連帶之前提過的「不可以製作空白簡報」，我們在 [議→次→Ｔ→排→執] 的過程間不用打開 PowerPoint。

等到流程結束，所有「想要傳達的訊息」都會是統整好的狀態，也就是說已經想好「要傳達什麼？」，只剩下「要怎麼用 PowerPoint 來傳達？」的問題，這也可以連結到要把「思考」和「描寫」分開的話題。

話說回來，你還記得 032 的主題嗎？

用 Word 思考簡報架構 VS 立刻打開 PowerPoint。

我們把 032 的內容連同「執行摘要」、「9 格法」、「16 格法」、「空白簡報法」統整在一起看看。

① 明確地把想在那張簡報上回答的「議題（問題）」文字化，最好也把當下暫定想傳達的訊息用文字大致寫下來，當然是用 Word 進行這個步驟。
有的人會在這個階段做「空白簡報」，因此我要請大家留意一件事，這個階段只是「暫時的版本」，要說的話和想傳達的事物最終會進化成「執行摘要」，但目前還很模糊。

② 思考要有怎樣的材料或是在簡報的主體寫什麼，才能描述那些訊息，這時當然不會打開 PowerPoint，而是像寫筆記那樣記錄到剛才的 Word 檔裡，這個時候有可能會用「9 格法」。

9格法最適合用來展現訊息和訊息用到的素材，像是「我想在這邊傳達這樣的訊息，為此或許可以用這樣的圖表」等等，這時用16格會 TOO MUCH，感覺太多了。

③接下來進行訪談、案例研究、分析等，思考 TASK 設計並用紅字追加進剛才的 Word 檔裡，這個步驟也是「思考」，還不可以打開 PowerPoint。
用「9格法」做完分析想像後，要做第一階段的初步分析也會比較容易。

④「描寫」的時間來了，專心執行安排好的 TASK，這個時候不可以再去想「要不要再調查什麼？」感覺像一個勁地在進行作業。

⑤以調查到的資料為基礎，在琢磨要用簡報表現的「訊息」時，一併思考佐證那些訊息的主體要放什麼樣的內容，這個步驟還是用 Word。
在這個步驟要先用 Word 來寫「執行摘要」，這些實際上會變成 PowerPoint 的內容，一邊想像 1 張簡報的份量，一邊寫在 Word 上是能讓我們思考得更深入的訣竅。
接著請你以配合那份「執行摘要」依序準備素材的感覺，把素材寫進 Word，我再提醒一次，這個步驟還沒有打開 PowerPoint。

⑥之後在想好要用什麼樣的簡報格式後，精練詞句到「可以直接複製貼進 PowerPoint」的程度，這步驟當然是用 Word。
這時可以用 Word 寫出「簡報格式」，如果覺得要實際畫出來比較好，也可以選擇用手繪。

⑦來了，到我最喜歡的時間了。把「要怎麼分配和用什麼樣的色調

「驕傲自負」⇔「信心受挫」來回反覆的第 2 年

才會更漂亮？」定為議題，在 PowerPoint 裡執行。

最後以⑥為基礎來製作簡報，一定要說的話，這時如果是由團隊分攤製作 PPT 的工作，為了讓之後各自製作的 PPT 比較好融合在一起，可以製作只寫有「已經定案的」標題的 PPT ＝空白簡報。

　　大家看完之後應該有加深理解的程度。

　　請各位千萬要記得從執行摘要開始著手。

比起「封面」，
第一個要做的是
執行摘要！

045

相信「9格法」一半
VS
完全相信「9格法」

經理也沒有惡意，
卻會讓人覺得「咦？是陷阱嗎？」的情況。

　　我想各位已經掌握 PowerPoint 資料的製作方式和流程，以及過程中的產物──「9格法」、「16格法」、「執行摘要」、「空白簡報法」的定位。

　　這時菜鳥成員一定會感到很煩惱，有時還會很執著，所以讓我們來聊聊這件事吧。

　　「9格法」是裡面最容易讓人產生執著，它使用起來很方便，卻不好拿捏它的定位。

　　9格法誕生在實際製作之前，過程具體來說會像以下這樣。

① 明確地把想在那張簡報上回答的「議題（問題）」文字化，最好也把當下暫定想傳達的訊息用文字大致寫下來，當然是用 Word 進行這個步驟。
有的人會在這個階段做「空白簡報」，因此我要請大家留意一件事，這個階段只是「暫時的版本」，要說的話和想傳達的事物最

終會進化成「執行摘要」，但目前還很模糊。

② 思考要有怎樣的材料或是在簡報的主體寫什麼，才能描述那些訊息，這時當然不會打開 PowerPoint，而是像寫筆記那樣記錄到剛才的 Word 檔裡，這個時候有可能會用「9 格法」。
9 格法最適合用來展現訊息和訊息用到的素材，像是「我想在這邊傳達這樣的訊息，為此或許可以用這樣的圖表」等等，這時用 16 格會 TOO MUCH，感覺太多了。

③ 接下來進行訪談、案例研究、分析等，思考 TASK 設計並用紅字追加進剛才的 Word 檔裡，這個步驟也是「思考」，還不可以打開 PowerPoint。
用「9 格法」做完分析想像後，要做第一階段的初步分析也會比較容易。

④ 「描寫」的時間來了，專心執行安排好的 TASK，這個時候不可以再去想「要不要再調查什麼？」感覺像一個勁地在進行作業。

9 格法說穿了──

不過是那個當下「經理的靈機一動」，它是某種意義上的方針，並不是硬邦邦不能改動的內容。

所以團隊在和經理一起製作「9 格法」時的正確心態如下。
經理人真的好好喔，他把「只要用這樣的感覺去做就可以了！」的內容仔細地連同分析簡報畫面的想像圖都畫出來了，而不是用 Word 來呈現，不過這只是當下的假說，我們必須在製作的同時適當地做變更，是會改變的內容。

各位只要用這樣的認知去看待「9 格法」即可。

然而我還是菜鳥時，常會執著於「經理都寫到那麼詳細了，我必須照做才行」，或者是用下方這種更糟的心態堅持照做。

只要照著做，不但工作可以做完，也不會挨罵。

這樣當然是行不通的，假如你這麼做，你下次開會帶完成的 PowerPoint 給經理看時，一定會出現這樣的對話。

「咦？一點都不有趣啊，為什麼有那麼多素材還會做成這樣？」

「咦？那個……我是依照……9 格法做的……」

「9 格法？那個說到底不過是想像圖吧？如果直接照做就好，根本不需要你來做。」

因此你終究得留意使用方式。

根據我的經驗法則，**盲目地完全相信「9 格法」是廢物，成果如果有一半和「9 格法」一樣就是高手。**

說個題外話，團隊和經理一起寫的「執行摘要」和「9 格法」不同，有著不可動搖的地位，毫無疑問是——

一字一句都不可以改變的執行摘要。

我們製作 PowerPoint 的起點就是這份執行摘要，執行摘要是鑽研該如何呈現後得到的結果，當然不可以改動。

以前我曾和我的師父加藤先生一起製作執行摘要，那時我做了一個實驗。

我把執行摘要內的「‧」換成了「／」，那張執行摘要只是 30

張，不對，是張數更多的簡報裡的其中一張簡報，我什麼都沒有透露，只是把改好的簡報拿去找他檢查。

然後加藤先生像平常一樣拿出了在 BCG 很常見的 V CORN 紅色鋼珠筆，第一眼就看向執行摘要並從容不迫地把「／」改「‧」，我看到的瞬間覺得他實在太神了。

執行摘要是經過反覆琢磨想法和遣詞用字製作出來的。

那真的是讓我永遠記住不可以改動執行摘要的瞬間。

你只需要讓 PPT 的製作步驟
在對的時機進化，
同時掌握好各個中間產物的
使用方式即可。

046

表格與 Word 簡報

VS

精心製作的簡報

我想傳授做簡報時的基礎指南。

整理完 PowerPoint 的製作步驟，我在最後想傳授給大家單張簡報的格式＝要做成什麼樣的簡報會比較好。

當我們決定好想傳達的訊息，需要的素材也準備好時，任誰都會開始思考以下的問題。

我要做成什麼樣的簡報格式呢？

然後拿出過去的簡報看，一副覺得顧問的價值在於「簡報美不美」的態度，想要做出非常講究的簡報。

可惜你這麼做就完全錯了。

有一件你必須先從根本好好理解的事情。

那就是——

不容易造成誤會且最好理解的資料是表格和 Word。

沒錯，大家最好閱讀的格式是**用條列式寫的文章和橫式或直式的表格**。

這是不爭的事實。

換句話說，在製作 PowerPoint 時用這樣的哲學去設計簡報格式會是最性感的做法。

基本上一律用表格和 Word，假如有「表格和 Word」也難以呈現的部分，必須從哪種形式可以解決那個「難以呈現」的問題為出發點來思考簡報格式。

　　這才是簡報格式的本質。

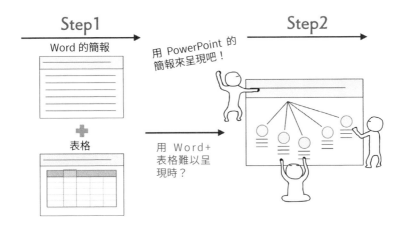

　　只要我們透過正確的思考邏輯選擇「表格和 Word」的簡報格式，當被問「你為什麼會選這樣簡報格式？」時，就可以立刻回答「**因為這樣的內容很難用表格和 Word 來呈現**」。

　　假如你回答之後，經理或檢查的人仍表示對簡報格式有其他要求，請你這樣回答對方：

「我明白了，我當然會做調整，但這是經理你個人的喜好吧？」

基於對方是主管所以做調整的情況，請當作你不過是在配合「那位經理的喜好」，是僅限這次的特殊應對。

否則你要是對不同經理也做出了「符合那位經理個人喜好的」簡報，一定會被說以下的話。

「不需要做這種東西，你不如多花點心思和時間在要傳達的訊息或素材上。」

請大家要格外注意。

基本上一律用表格和 Word，
假如有「表格和 Word」也難以呈現的部分，
必須從哪種形式可以解決那個「難以呈現」的問題
為出發點來思考簡報格式。

047

議題思考
VS
戰略思考
VS
假說思考

替眾所皆知的「○○思考」做出好理解的定義。

我們來到成為顧問第 2 年的中段，要準備脫離「只會照做」的狀態，變得可以分辨在第 1 年時搞不清楚卻不斷強調很重要的 3 種思考模式。

議題思考 VS 戰略思考 VS 假說思考。

這 3 種思考模式當然不是在「最初的 3 年」學完就好，必須要持續地精進下去，因此得需要你們先以直觀的方式理解它們到底是什麼，附帶說明一下，我雖然用了 VS，卻不是「左邊好右邊壞」的意思。

議題思考

戰略思考

假說思考

一開始我想先請大家從兩者是反義詞的角度來理解**議題思考 VS 戰略思考**，我會用明確且簡單易懂的方式在下方做出統整。

所謂的議題思考是「問題」的世界的思考技術，而戰略思考則是「答案」的世界的思考技術。

真是太完整了，我想應該沒有比這更漂亮的統整了。

如果要用比較口語的方式說明，議題思考指的是顧問在思考客戶未來如果想要成長，有哪些是不得不解決的問題時的思考模式，在一般企業工作的人可以把客戶換成「我們部門」。

因此**在議題思考的世界，不會出現漂亮的解決手段。**

另一方面，戰略思考指的是提供性感解答給議題思考反覆推敲出的「問題」時需要的思考模式。

因此**絕對不可以從戰略思考開始著手。**

一定要解釋的話，因為「先有問題才有解答」，所以——

議題思考之後才是戰略思考。

那麼，最後的「假說思考」到底是什麼呢？

說起來所謂的假說，指的是未經過驗證的狀態，所以會有各式各樣的假說存在，像是「解決手段假說」、「課題假說」、「戰略假說」，什麼都可以加上假說。

然而世界上定義最狹隘的是——

解決手段假說＝假說。

這導致假說思考非常難理解，**假如是以「解決手段假說＝假說」為前提，假說思考在面對「現在正在處理的問題」時，就會變成在思考「眼下想得到的解決手段」。**

這個邏輯本身沒有問題，但只能說是「假說」的 one of them。

如果這樣定義，就不會包含當下想到的「課題」或「方法」了。

所以讓我們藉著這個機會用更廣義的角度去理解它吧。

假説＝還未被驗證的狀態。
所謂的假説思考指的是對「現在正在處理的問題」展現「以目前獲得的情報來充分進行思考的心態」。

沒錯，假說思考不過是一種心態。

完全不知道任何情報時不用說，即使只知道一點點或者是開始執行後才了解到更多時，也不需要產生「反正手上只有『目前』獲得的情報，要想也想不出來」的沮喪心理，而是全心全意地去想像不知道的事物並深入思考。

這就是這世上寫得最簡單易懂的假說思考說明。

在解決客戶問題時，除了用議題思考認真想出應該要回答什麼樣的問題外，就算遇到「對客戶了解不深」的情況也要大量使用能讓我們深入去想的假說思考，另外在用戰略思考絞盡腦汁想創造該問題的解答時，儘管有限定的材料，也要多多使用會讓我們深入去想的假說思考。

以下是 3 種思考重要的關係圖。

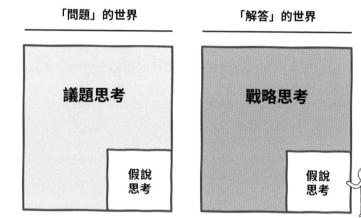

「問題」的世界　　　　　　　　「解答」的世界

議題思考　　　　　　　　戰略思考

假說思考　　　　　　　　假說思考

說個題外話，這世界上唯一會用 1 對 1 方式扎實地教導「議題思考」的地方就是我開設的「思考的引擎講座」，大家透過這本書和我結下了緣分，假如有人想要更進一步地學習，請務必聯絡我。

> 假說只是用來指稱未被驗證的狀態的詞彙，
> 因此不論是在「問題」的世界
> 還是「解答」的世界都可以使用。

048

一點豪華主義

VS

全部平均地稍微提升

在「沒有答案的遊戲」的世界中，
全壘打型的打者深受喜愛。

　　這個道理可以套用在所有事情上，我想和大家分享在議題思考和戰略思考都能通用的概念。

　　當我們在工作時，該說潛意識會這麼想嗎，還是我們的內心深處難免會產生以下的想法。

我不想被罵。

　　我真的不想被罵，雖然我一直以來被罵得很慘，但我其實不想被罵。

　　比方當我們被拜託了 3 件事，私底下遇到的話可能還好，但要是在工作上遇到，一般都**會想把 3 件事全都做好**吧？

　　當然假如那 3 件事都是做完即可，也就是所謂的「有答案的遊戲」倒是沒關係，可是我們工作上在面對的是「沒有答案的遊戲」。

　　所以不會有「做到這個程度就滿意」的標準，完全沒有。

請提出能提升銷售業績的性感解決手段。
請提案收購哪個企業會比較好。
請想像這個市場 10 年後的狀況。

這種時候你完全只能拚命思考那些「沒有答案的問題」，而且還得在有限的時間內拿出商業用語中**超出客戶期待值的表現**。

此時我們會面臨一個「VS」，也就是二元對立的情況。

「集中火力處理看起來比較有機會解決的問題，再用剩餘時間『大致處理』其他問題」VS「平均地處理完所有的問題」的二元對立。

面對這樣的狀況，各位應該要鼓起勇氣選擇前者，原因在於如果 3 個問題都處理得不夠完整，全都會是「感覺還不錯，但好像找誰來做都一樣」的產出，不僅無法帶動氣氛，討論也不會有進展。

各位要是能選擇前者，用一點豪華主義針對 1 個問題提供高品質的產出，顧客在那個問題上應該也會得到滿足。

這時你們之中可能會有人懷有以下的想法。

我沒有認真處理剩下的 2 個問題，
最後還是會被罵吧？

不過事情不會發展成這樣。

因為在這個時間點你已經證明了**「只要我花時間和精神處理一件事，就能提供極好的產出」**。

客戶畢竟也是人，也許還是會有人對你發牢騷，然而那卻是像「如果能在這時處理好所有問題當然是最好，反正只要花點時間下週就可以完成了，也是 OK 啦」這種帶有安全感的怨言，不是什麼大問題。

總之只要是在面對「沒有答案的遊戲」，以下的概念會顯得非

常重要。

以 4 次打擊中打出 3 次三振和 1 次全壘打為目標，絕對不要以打出 4 次一壘安打為目標。

各位一定要鼓起勇氣縮小投入時間和精神的範圍。

請你們務必牢記這一點。

我的解釋雖然比較是針對工作，但在面對人生時也是一樣。

就算平均地去做，能夠獲得的結果也不會以等比級數增加，然而當你特別擅長某件事，即使在小眾市場內也能稱王，那將會成為你的象徵並建立起品牌，所有的事情做起來都將變得更加容易。

穿著打扮也是同個道理。

就算把 10 萬圓的預算平均地拿去買服飾穿滿全身，也不會讓你特別醒目，假如不分散使用，而是只有眼鏡特別講究，其他都買快時尚的衣服，許多人在看到你的眼鏡時勢必會覺得「這個人真有品味」，甚至可能會有人擅自替你做出解釋，認為你是「故意」穿快時尚的衣服。

換句話說就是──

一點豪華主義最棒了！

> 沒有必要一年打 50 支全壘打，
> 只要打 1 支，
> 或是運氣好的話打 3 支，
> 你就能成為英雄。

049

表明立場

VS

視個別狀況而定

具備擁有自己看法的勇氣，
我們必須在有限的情報內做出選擇。

　　我在 048 談到了一點豪華主義，有一個很重要的心態不知道該說是一點豪華主義的根本，還是我思想基礎中身為顧問的驕傲。

　　那就是——

表明立場的心態。

　　所謂的表明立場是在 Yes 或 No、左或右的選項當中鼓起勇氣高聲宣布「我考慮了很多，儘管情報還沒收集完，但我個人覺得要選這一邊！」。

　　反過來說，你要是動不動就像政治人物回答事情一樣，語焉不詳地說出：

「要視個別狀況而定，所以我沒辦法說什麼。」

像這樣不僅討論不會有進展，還很可能會被人家說：「要說問你真是浪費時間嗎，你有需要待在這裡嗎？」

所以各位，讓我們從這個瞬間起不要再說「視個別狀況而定」了，我們要負責處理的是「沒有答案的遊戲」，得要經過討論才能開始，而為了進行討論，我們必須先有各自的「答案」，意即沒有設定好立場就無法開始。

BCG 內每個職位的定義如下。

MD（董事總經理，Managing director）＝贏得信任
經理／資深經理＝表明立場
顧問＝創造 BCG 的「有趣」
專員＝主動行動

就像你看到的，在未來「表明立場」會變成非常重要的一件事，進入公司後，快的人 3 年就能成為經理，最晚也不過 5 年，因此趁現在養成對任何事都要「表明立場」的習慣很重要。

假如在工作上很難突然改變，你可以在日常生活中先做練習，比方當你看到電視上出現那種真的很無聊且感覺「不管選哪邊都不好」，選項都不如你所想的二選一問題時，請你用 Yes 或 No 來做出回答。當可以視為問題範本的封閉式問題出現時，請你立刻表明立場做出回答。

當你有辦法表明立場，
才能算是獨當一面，
不只是當顧問，人生也是如此。

050

田字圖

VS

VS 思考

超越二元對立的「○○ VS ○○」的世界。

當顧問即使需要表明立場，也不一定永遠都要在感覺「黑白分明」的「VS」，也就是兩者對立的結構中奮戰，在沒有答案的遊戲中，用來產生答案的戰略思考常會遇到「VS」無法解決，把事物分成 4 種類型來思考的情況。

如果把分成 4 塊的樣子畫成圖會長得很像某個文字，因此我都用以下的方式來稱呼它。

田字圖。

我很喜歡「田字圖」這個稱呼，由於是用 2 條座標軸來分割，也有人稱它為「2by2」。

我對田字圖的定位如下。

「田字圖」是戰略思考的基礎。

為了讓大家想像「田字圖」的使用方法，接下來我想出一道題目。

　　　　　　　　「驕傲自負」⇔「信心受挫」來回反覆的第 2 年

各位準備要打造一項新的服務。

這是一項針對平常與你們公司有往來的「醫院」所提供的
服務。

為了和醫院合作，你必須要打陌生電訪（Cold Call）。

你打算從哪裡下手？以及你有什麼樣的想法？

順道說明一下，陌生電訪指的是「打給陌生人，聽對方的意
見」，我不知道這個名詞真正的由來，我個人認為是因為打「Cold
＝冰冷」的電話是打給關係疏遠＝關係冰冷的對象，所以才會用這
樣的方式來稱呼它。

我們第一件要想的事情是——

應該要打給哪一家醫院，對方才會願意接受訪問？

沒錯，我們要動腦思考，找出成功率高的範圍。

如果只會用同一種方法，老是從「あ行的あ」開始找，那就太
沒有戰略可言了，請各位把在這種時候絞盡腦汁想「該怎麼做？」
的思考視為戰略思考，然後這時該輪到「田字圖」出場了，我們將
會畫出2條座標軸，等於做出2個「○○ VS ○○」，分成了4種類型。

第一個問題是「什麼樣的醫院可能會願意接受訪問？什麼樣的
醫院可能會不願意？」。

大學附設醫院感覺絕對不會接受訪問。
獨立經營的醫院或地區醫院或許會願意接受訪問。

像這樣的感覺。

你要是真的突然打電話去慶應醫院，大概也會吃閉門羹。

反之如果是地區醫院或許會有機會，假如櫃檯小姐人很好，說

不定會和旁邊的醫生說「有個顧問公司的人表示無論如何都想和你談 3 分鐘並問你 3 個問題，你覺得呢？」幫忙詢問醫生意願，甚至院長都有可能會親自接過電話接受訪問。

考慮到這些，我們先定下第一個座標軸。

大學附設醫院 VS 地區醫院。

因為要分成 4 塊的關係，我打算再想出一個座標軸。

在地區醫院當中，什麼樣的醫院比較會願意接受訪問呢？

當然，因為有 4 個象限，你要思考「在大學附設醫院中，什麼樣的醫院會比較願意接受訪問呢？」也是可以，不過以這次的情況來說，大學附設醫院應該很難接觸到，所以不去想也沒關係。

我舉個例子，一般醫院接到陌生電訪（Cold Call）通常不會願意回答，如果一定要選擇，我覺得最近剛開幕的醫院會比開很久的醫院來得願意接受訪問，我自己也是這樣，比起「得意」的時候和自以為了不起的時候，從零開始起步時的狀態也許會比較謙虛。

因此另一個座標軸如下。

老醫院（開業很久）VS 新醫院（開業沒多久）。

這樣就分成 4 個類型了。

簡單來說，地區醫院加上最近剛獨立的新醫院最有可能接受陌生電訪（Cold Call），但如果是大學附設醫院加上老醫院，大概已經忙到無法幫忙轉接，會被直接掛電話吧？

請你手握白板筆並且在白板上寫下「田字」，然後一邊說著「該用怎樣的 2 條座標軸來劃分呢？」一邊把剛才提到的 2 條座標軸畫上去，接下來就可以用「右上是可以進攻的目標，左下是暫時擺在

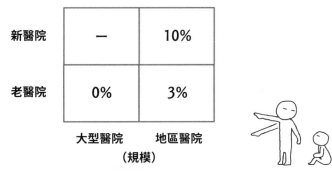

陌生電訪（Cold Call）的田字圖

	大型醫院	地區醫院
新醫院	一	10%
老醫院	0%	3%

（規模）

後面」的概念，戰略性地開始思考陌生電訪（Cold Call）的目標。

假如換一個方式來表達就會是——

田字圖 VS VS 思考。

在第 2 年即將結束時，用兩個對立的結構來思考事物的「VS 思考」進化成了 2×2 ＝ 4 的對立，也就是用對比結構來思考事物的「田字圖」。

請各位也要在各方面多多使用「田字圖」。

「田字圖」是戰略思考的起點，
不論是行銷、經商還是事業戰略，
「田字圖」都能派上用場。

051

利用框架說明
VS
利用框架思考

思考能力會因為你對待框架的方式而改變。

商用書的世界，或者該說教導和學習思考事物方式的世界中，最容易被誤解和搞錯的就是——

對待框架的方式。

如果各位被問到「什麼是框架？」會怎麼回答呢？我們可以透過說明方式來判斷你們是否對框架有所誤解，所以請大家在腦中想出答案。

比方這樣的答案你們覺得怎麼樣？

> 框架指的是以 3C 或 4P 為代表的「思考事物的工具」，利用框架思考能讓人想得更加深入，是很優秀的工具。

嗯嗯，好像是這樣，聽起來確實很有道理。

不過這個答案其實大錯特錯，或者該說世界在變化，對面對沒

有答案的遊戲的各位來說，這樣想絕對是錯的。

這時請大家回想起 014 的主題「『不過是』結構化 VS 『不能小看』結構化」的內容，沒錯，從結論來說——

框架和結構化、MECE 是同類、同樣的東西，也和 MECE 一樣會被美化和神化。

請各位千萬不要給予過高的評價，**框架不過是把主題和議題「事先結構化的框架」**罷了。

例如「你找人商量要如何提高某家公司的利潤，對方一臉驕傲地用很得意的語氣表示『有提高利潤和削減成本這 2 個方向』」的情況，這裡提到的「提高利潤和削減成本」其實就是框架。

或者像是「你找人商量該如何理解某個市場結構，對方一臉驕傲地用很得意的語氣表示『研究一下自家公司、競爭對手、客戶這 3 個面向會比較好』」的情況，這裡提到的「自家公司、競爭對手、客戶」其實就是框架。

框架只是在教我們該如何拆解眼前必須解決的問題。

如果用不一樣的說法來解釋：

①框架想得更深入卻完全沒有進展，純粹只是在分解而已！

為了解釋①的說法，我將舉出總共 3 個「不可以對框架評價過高的理由」。

也就是說呢，像這次提到的框架「自家公司（Company）、競爭對手（Competitor）、客戶（Customer）」＝一般所指的 3C 真的是需要小題大做地講「我們來用框架思考」才想得出來的東西嗎？

沒有這回事，老實說只要認真思考就能想出來了。

②框架在做的分解不是「不知道框架就想不到」的東西，反過來說正因為是「常態」，所以才會是框架。

　　比方我們在理解市場結構時如果先去想「自家公司、競爭對手、客戶」，準備完全「用框架來思考」，一定會產生壞處。

③思考被名為框架的「框框」限制住後，會讓人變得沒辦法在現實中自由地發想。

　　好了，我們在最後重新統整一下「框架的缺點」。

> 框架不過是把主題和議題「事先結構化的框架」罷了。①框架想得更深入卻完全沒有進展，是個明明純粹只有在分解，仍自以為是的企業界權威。而且②框架在做的分解不是「不知道框架就想不到」的東西，更重要的是③思考被名為框架的「框框」限制住後，會讓人變得沒辦法在現實中自由地發想，根本是企業界的老屁股。

　　當然框架也和結構化和 MECE 一樣有能派上用場的使用方法，請你們從現在起用以下的方式來定義框架。

> 框架指的是以 3C 或 4P 為代表的「傳達事物的工具」，利用框架傳達事物能加強信任感，是很優秀的工具。

　　讓我們把這個定義記起來吧。
　　不需要在意框架，請你們等到絞盡腦汁思考完事物後，再接著做出以下行動。

為了傳達「我全部都思考過了！我有想過各式各樣的狀況！」的感覺，用框架來整理並傳達吧。

請各位千萬不要搞錯對待框架的方式。

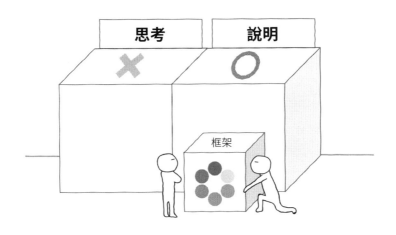

對待框架的正確方式
不是「用框架來思考」
而是「用框架來説明」。

052

借助別人的頭腦也能獲得分數

VS

用自己的頭腦思考才能獲得分數

「沒有答案的遊戲」必定需要經過討論， 討論和提問將會去除你的心理障礙。

大家會有這樣的想法嗎？

如果和作為主管的科長討論並從科長那獲得輸入，那就算是科長的分數，而不是自己的。

我以前也會這麼想，覺得還是盡可能地靠自己想會比較好。

當然在名為打雜的「有答案的遊戲」裡可能是這樣沒錯，但我們面對的是「沒有答案的遊戲」，因此我們應該要動用所有力量來處理問題。

但我如果去問了別人，別人會說「不要靠別人，自己去想」吧？還不如乾脆不要拜託別人。

這裡我想教大家一個請教別人的方法，或者該說請教別人時你

應當要注意的一件事，這和「諮詢後要報告」那種和禮貌方面的問題無關。

我要說的是——

你是否正在經歷把工作交給你的主管「執行那項工作時會經歷的步驟」？

舉例來說，主管交代你「接下來要準備幹部也會來參加的會議，請你針對客戶做調查再整理成 PowerPoint」，正因為是重要的資料，你想要諮詢主管的意見，可是你雖然超級想諮詢主管，卻很害怕要是弄錯諮詢的方式，主管搞不好會馬上回說「那是我請你負責想的事吧？」。

所以我們該怎麼做才好呢？

重點如下。

你要問自己「如果我是主管，我會怎麼做？」並找出步驟，等到那個步驟完成後再請教就 OK 了。

好了，我想有人聽到步驟就知道我要說什麼了吧？

沒錯，說到產出時的過程，答案只有一個。

[議→次→T →排→執→產]。

這些步驟＝主管會經歷的步驟，請你把這些步驟放在心上，在
「→」的時候去找主管諮詢即可。

各個時間點的「具體諮詢做法」如下。

◎ [議→次]

從經理那裡獲得議題後直接「寫下來」，一字一句都不要加工，
這是第一個重點，不要擅自改動。

在這之後提出把議題分解成更小議題的次要議題，這個步驟最
為重要，假設議題＝在早上 9 點拿到作業，一般會在 10 點時把次要
議題寫進 Word（包含從次要議題進一步分解出次次要議題），成
品就像大約有 50 個問題的集合體，等同於在製作議題簡報、議題
Word。

經歷完這個步驟的「當下」正是諮詢的時機。

因此要是前面能在 9 點拿到議題時，先像下方這樣和主管溝通
就完美了。

我會設計議題並在 1 小時後寄給您。
再麻煩您快速看過，如果時間允許，請讓我與您通電
話 5 分鐘，寄出後我隨時都能通話。

此外，假如能在寄出的信件最後加上這一段話會非常棒。

「停下來等待也不太好，所以我會以此為基礎開始設計 TASK，
TASK 也設計完時我會再聯絡您。」

像這樣不是單純「等待確認結果」，完全把球丟給對方，而是拿著球進行確認的感覺最棒了。

順道一提，「請查收」是最糟的信件結尾，因為這種寫法等於完全把責任丟給對方。

◎ [（議→次）→ T →排]

此時在等待主管聯絡的同時，以剛才的議題為基礎來設計 TASK，沒錯，就是名為工作計畫的產物，接下來要把它做出來。

時間方面大概會花上 1 小時慢慢設計 TASK，所以會在 11 點時完成，接著再用和前面同樣的方式聯絡主管，依照我的經驗，由於從第一封信寄出才過了 + 1 小時，這時大多還不會收到聯絡。

「我接著設計了 TASK，請您過目，如果有任何問題請隨時聯絡我。我會繼續依序作業。」

信件內容就像上面這樣，外加這次一併做到了「→排」，所以請在內文最後附加上「時間方面我預計大概要花 2 個整天來完成」這句話。

不管對方是主管還是任何人，你都可以像這樣依循用來產出的步驟 [議→次→ T →排→執→產] 進行諮詢。

◎ [（議→次→ T →排）→執]

根據工作計畫認真執行工作項目，如果在導入的過程中有遇到困難，確實應該要諮詢主管，不過基本上只要有討論過議題 Word 和針對議題 Word 做出的工作計畫，主管也不會做微觀管理。

◎ [（議→次→ T →排→執）→產]

最後一個步驟是「產」，以這次的案例來說就是 PowerPoint，這部分是主管會想給建議也必須給意見的地方，最好要確實地諮詢過主管。

具體來說最好準備好「執行摘要」+「關鍵簡報」+「PowerPoint 的資料組成與內容（Word）」來進行討論。

我前面曾談過製作 PowerPoint 的詳細步驟，依照那個順序來討論是很重要的一件事，因為諮詢的重點是**「你要問自己『如果我是主管，我會怎麼做？』並找出步驟，等到那個步驟完成後再請教就 OK 了」**。

一旦你完成步驟且所有素材都準備好時，只要思考主管會經歷怎樣的步驟製作資料，再在每個步驟告一段落時去諮詢即可。

當你像上方這樣留意主管的「思考模式」，就能創造良好的循環。

只顧自己＝為了減少自己的工作量和
消除不安的「諮詢」是 NG 的行為。
你必須和主管經歷同樣的步驟，
並在步驟告一段落時諮詢主管。

053

退回到議題

VS

直接從 TASK 開始

重要的是「議題」，
然而上頭卻給了「TASK」。

　　每當你負責的工作項目前的連號數字越大＝隨著你在顧問業生存的年資增加，學會的「顧問的思考邏輯和做事方法」等級也跟著上升了。

　　更重要的是你對以下這個可稱之為「顧問的思考邏輯和做事方法」的主軸也有更深刻的理解了。

［議→次→T →排→執→產］。

　　我要拜託已經進步的大家一件事，請你想像一下主管交代工作給你的方式，是不是曾發生令你感到困擾的事呢？

　　那就是──

沒有以議題為基礎來交代工作，
而是以任務（TASK）為基礎交代工作。

尤其是在一般企業，或者當你還是菜鳥成員時，主管交代工作的方式常會是這樣。

我舉個例子，假設主管交代了「請你調查下次來開會的公司」這樣的 TASK，你肯定會在幾秒鐘後立刻去找 Google 老師吧？這毫無疑問是**變成 TASK 狂**的陷阱，我們絕對不可以掉進去。

在這裡我希望大家能記住一個「概念」，或者該說讓自己具備一個開關。

那就是以下這句話。

退回到議題。

[議→次→ T →排→執→產]

這 6 個步驟真的要全部連結在一起。

主管以 TASK 交代工作，就如字面上的意思是從第 3 個的「T」開始，這是陷阱中的陷阱。

當主管說出「請你○○」，用 TASK 交代工作下來時，會讓人像是在回答「Yes, sir!」般直接開始執行，這種事情很常見，可以是說過半的商務人士都會有這樣的情況。

不過在這種時候請你忍住並「退回到議題」＝不要從「T」開始，要自己做完「議→次」後再去做「T」，請你一定要依照這樣的步驟去做。

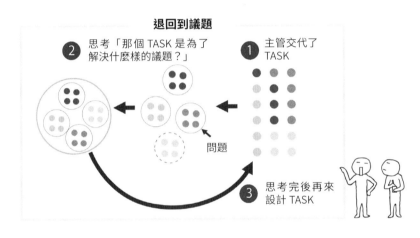

接下來讓我一步一步地說明「退回到議題」的步驟。

◎退回到議題①：主管交代了 TASK

這是最關鍵的時刻，真的很難不在這時變成「TASK 狂」，主管都說了「請你調查下次來開會的公司」，你自然會不小心開始用 Google 搜尋。

◎退回到議題②：思考「那個 TASK 是為了解決什麼樣的議題？」

如果用不同的角度來看產出的 6 個步驟 [議→次→ T →排→執 →產]，你會發現──

有 TASK 代表一定有議題（次要議題）。

因此退回到議題是很重要的一件事。

比方以剛才的「請你調查下次來開會的公司」為例，議題明顯是「這間公司是什麼樣的公司？」。

等你知道議題後再進行「議→次」的步驟，如果想要知道「這間公司是什麼樣的公司？」需要做哪些事？＝提出次要議題。

這間公司是什麼樣的公司？
- 這間公司的營業額是多少？如果要舉出公司的 3 大事業主軸會是什麼？
- 這間公司或是會議參加者在事業方面最新的話題或新聞是？
- 除此之外，其他競爭對手有什麼樣的動向？

像這樣把議題分解成次要議題，實際上大約會提出 30 個次要議題。

◎退回到議題③：做完前面的步驟後再來設計 TASK

請你感受一下在這個步驟中發生的「進化」。

如果你當初在被主管要求「請你調查下次來開會的公司」時就去做，很可能只會停留在用 Google 老師調查那間公司而已。

可是讓我們再看一次議題和次要議題。

這間公司是什麼樣的公司？

- 這間公司的營業額是多少？如果要舉出公司的 3 大事業主軸會是什麼？
- 這間公司或是會議參加者在事業方面最新的話題或新聞是？
- **除此之外，其他競爭對手有什麼樣的動向？**

　　沒錯，藉由退回到議題和次要議題，除了那間公司外，你還制定了調查「競爭對手」的 TASK，這將會帶來只有當顧問第 2 年才會有的「拜託你真是太好了」的價值。

　　能做到這點是非常傑出的表現。

［議→次→T→排→執→產］。

　　我再重複一次，這 6 個步驟是絕對的。

即使主管交代了 TASK，

你也不能變成 TASK 狂，

請退回到議題，成為最棒的議題狂！

054

再加一番

VS

做好被拜託的事

我稱追加更多附加價值的行為叫「再加一番」。

就快要到第 2 年的尾聲了呢，各位顧問的思考邏輯和做事方法的等級也提升了不少。

現在同時也是可以開始追加多一些附加價值的時期。

這時最重要的就是要有下方的心態並採取行動。

再加一番。

「一番」這個詞應該是來自麻將，不過如果要說明得更仔細一些，我所謂的再加一番是指──

用一副「理所當然的表情」執行交代下來的事，然後告訴主管「我在思考時想到可能也會需要這個」，主動進行產出挑戰。

按照公司規定晉升或職務等級提升是理所當然的事，但如果想讓自己在組織中的「地位」更上一層樓，不能只做好主管交代的事。

這時請你要具備重視「再加一番」的心態。

除此之外，這時你還有 2 件需要注意的事。

①主管交代下來的工作要拿到 120 分

如果不這麼做，很可能會被說「你為什麼要做那種沒用的事！要是有空做那些，還不如好好把交代的事情做到及格」。

②不要多問，默默做就好

有趣的是你就算主動先做，要是問出口了＝向主管確認「派得上用場嗎？」你的努力就會白費，當你問出口的瞬間，會變得不再是「我自己率先找到需要做的事並去做」，而是單純增加了要做的工作而已。

在過完第 1 年且來到第 2 年後半的此刻，請各位務必要做產出挑戰。

立直一發七對子 2 張懸賞牌。

這樣翻倍耶。

**「再加一番」是技術也是心態，
不要多問，默默「加上去」吧！**

055

一個人熬夜

VS

被迫熬夜

你應該知道
「熬夜」有 2 種吧？

　　身為一名顧問及一名商務人士，你差不多該獨立了！你現在應該也到了必須要讓人說出「你已經獨立了呢！」外加自己也想這麼相信的年紀了吧？

　　這種時期的其中一個試金石就是——

你有辦法「一個人熬夜」嗎？

　　等看完 VS 的結構，我想你會了解這句話背後更深一層的含意。

一個人熬夜 VS 被迫熬夜。

　　當你可以一個人熬夜後，你才算是獨當一面，在這個企業逐漸良心化的世界，這在未來可能會顯得更重要。

　　我想大家都有過「被迫熬夜」的經驗。

主管對你提出要求，你基於特殊狀況熬夜，因為不得不熬夜，所以熬夜了，這樣是「被迫熬夜」，你就算熬夜了也不算是「獨立」。

相較之下，我重視的熬夜是以下這種。

你「自願」熬夜，想要提供再加一番的附加價值，而不是因為有任何人要求你，當然也不是因為揣測到主管的心思或有所顧慮才這麼做。

能做到這件事就算獨當一面，我現在絕對不是在精神喊話，熬夜是指從晚上 9 點到隔天早上 9 點的「12 小時」都在工作，你能夠在沒有接收到主管的命令且無法諮詢主管的過程中，一邊戰勝「說不定我正在做錯的事，搞不好一切都是在做白工」的恐懼一邊熬夜，這就是你「獨立」的證據。

如果要再說得更詳細就是——

你不是受到某人的指示，也沒有想要賺取好評，你正在培養「為了客戶，我想在這裡熬夜並提供最棒附加價值」的心境，這是很出色的表現，你獨立了！

所以我是這麼認為的——

可以「一個人熬夜」才算真正的獨當一面。

各位有辦法「一個人熬夜」了嗎？

「再加一番」和「一個人熬夜」的
組合最棒了，
根本就像熬夜打麻將。

056

To someone
VS
To all

我過去真的受到很多前輩的教導，
BCG 是最棒的成長環境。

　　我在 BCG 的第 2 年，曾和 BCG 的前輩平谷小姐有過一段談話（她那時還是顧問，如今她已經是董事總經理了），她那時說的話我到現在都忘不了，我也一直記得自己當下內心有多震撼。

「雖然很難相信會有這樣的事，但竟然有成員在製作資料時不會先確認會議的參加者，真的是很誇張。」

　　她原本的說法可能更委婉一點，不過在我聽起來大概是這個意思。然後我至今都還記得自己那時心中浮現的想法。

呃，我好像也沒有確認……咦……不會吧？

　　這件事真的很重要。
　　甚至可以說「沒有掌握會議的參加者是在搞什麼啊！」。

我會這樣講的理由很簡單。

參加者各自帶來的「議題」＝需要討論的點不同，沒有意識到這一點，不可能做出好的資料。

至於產出的步驟當然是我們熟悉的 6 步驟。

[議→次→ T →排→執→產]。

因此邏輯自然會是以下這樣。

[議] 不一樣，[產] 當然會不一樣。

所以請各位絕對不要忘記確認會議的參加者。

而且製作資料時請不要當作是做給大眾或所有人，而是要專門做給某人。

不是 To all，而是 To someone。

請一定要在製作完 To all 的資料後，
讓它進化成 To someone，
這樣訊息才會去蕪存菁。

057

總經理導向
VS
副總經理導向

你對「總經理」和「副總經理」
有什麼樣的印象呢？

接續在 056 之後，我想聊一些更為實際的話題。

我想你們之中應該有人會有這樣的想法。

你說「不是 To all，而是 To someone」，可是會議的參加者那麼多，就算我能夠想起他們的長相，也沒辦法確切掌握那個人在意的問題或議題吧？

這種時候可以派上用場的 VS 如下。

總經理導向 VS 副總經理導向。

我想會議參加者的差異中最重要的莫過於「總經理是否有參加這次的會議」，考慮到這一點，先理解這個 VS 會是很重要的事。

◎總經理導向：集中

議題壓倒性地集中，必須省去以防萬一或 Nice to have（＝可有可無）的議題，請你以提供在總經理真正感興趣的議題範圍內，能確實傳達事實和進行討論的資料包（Package）為目標，因為是總經理導向，一定會製作大量的補充資料＝通稱 Appendix，但請務必記得，要是總經理打開來看就代表你失敗了＝你沒有掌握到總經理的議題，鼓起勇氣縮小再縮小範圍並深入探討是很重要的事。

◎副總經理導向：廣泛

議題壓倒性地廣泛，想知道所有事情的心情很強烈，副總經理都會在總經理的旁邊，所以就算副總經理本來不是那麼想，也是清楚知道理解「總經理沒興趣或不理解」的事情是有其價值的專業人士。

這時的重點在於運用「解決的順序」來闡述議題，一定要說的話，副總經理比起深度更重視廣度。

兩者就像上方那樣有很大的不同。

當然不能說所有的情況都是這樣，所以隨時**對會議參加者的立場和性格保持敏感度是很重要的事**，還有同時累積屬於自己的經驗也是。

大家很容易覺得總經理和副總經理「和自己沒什麼關係」，但我們做這件事不只是因為會議參加者的職位有多高。

也和對方是公司內部的人或公司外部的人無關，而是要大家經常去了解每天接觸的對象是「以什麼樣的商業邏輯採取行動？」。

我要說的就是這個，這也是我在和我師父加藤先生一起處理顧問專案的過程中，透過實際經驗學到的技巧。

我和加藤先生一起做專案時，勢必會發生一件事。

那就是——

資料在 SC 前一定會打掉重練。

SC 是 Steering Committee 的縮寫，意思是有決定權的人參與的會議，在那場會議中會決定一切的事物，所以總經理大多會出席。我真的是每週都用給客戶看過的一堆資料做出 SC 資料後，就被指出「你完全搞錯方向了」，接著重新再做一份資料。

由於實在太常打掉重練，某次我向加藤先生詢問理由，他告訴了我以下這段話。

你知道邏輯的反義詞是什麼嗎？答案是故事，換句話說，捨棄邏輯就是故事。我們每天開的會議當然是邏輯的產物，但針對 SC 或有決定權的人，我們要給的不是邏輯而是故事，必須用專門寫給那個人看的故事來製作資料，這就是我要你打掉重練的原因。

我聽完這段話不僅真正地振作起來，在那之後的顧問生涯也順暢許多。

邏輯的反義詞是故事。

這句話真的是金句，也請各位務必一邊玩味這句話，一邊思考或製作資料。

> 邏輯的反義詞是故事，
> 請讓我也用這句金句
> 幫助各位有所突破。

058

盡最大的努力

VS

草稿的初稿（0 次假説）

草稿、草稿的初稿、草稿（0 次假説）、
草稿的初稿（0 次假説或 BCG 定義上的感想）。

　　日本人其中一個奧妙的文化，就是在給別人伴手禮時會說出以下這句話。

「這是我的一點小心意」。

　　我喜歡這個文化，不過只限於私底下。

　　在工作方面，一個專業人士不可以有這樣的工作態度。

　　這句「這是我的一點小心意」如果用商業用語來解釋，就是**在做期待值管理**。

　　對我們這些以產出一決勝負的商務人士來說，就算做期待值管理也沒有意義，然而卻有很多人會這麼做。

　　我反而希望大家能用以下的方式去看待。

誰會在比賽還沒開始也還沒評比前就舉白旗投降？那樣乾脆不要來參加評比。

「我的內容還不夠完整。」
「我其實還沒有想完。」
「我只有想個大概。」

我真心希望大家不要再說出或寫出這樣的話了，不僅沒有意義，還會降低優秀的各位的格調。

所以各位──

讓我們宣布擺脫期待值管理吧！

我們常會在不知不覺間，習以為常地做出期待值管理，正因為如此，盡早做出宣布很重要。

準備資料時也是一樣，要完全放下期待值管理。

我盡了最大的努力！

這是我目前最棒的傑作！

請在主管和客戶的面前拿出這樣的心態吧！

話說回來，完全相反的是以下這種。

附帶草稿的初稿（0 次假說）的資料。

這個實在蠢到好笑，但在顧問業真的會看到這種資料。

草稿＞草稿的初稿＞草稿的初稿（0 次假說）。

做的人對自己的資料越來越沒有信心，忍不住做了期待值管理，我們畢竟是專業人士，真的不要做這種事。

顧問就是平時在私底下很自以為是，
卻會在這種時候謙虛地擺出低姿態，
說一些先替人打預防針的話（說得太過火了）。

059

註釋是浪漫

VS

註釋是贈品

明白大家最喜歡的這句話
＝「魔鬼藏在細節裡」。

　　由於連續講了幾個嚴肅的話題，我接下來想簡單快速地分享顧問的思考邏輯和做事方法，當作是幫大家換換口味和讓大腦休息一下。

　　在 BCG 工作的日子對我來說是最棒的，我在那學習到了各式各樣的事，那些優秀的前輩真的教會我很多，讓我有了驚人的成長。

　　我記得這是發生在我還沒有獨立之前的事，植地先生是和我一起工作的前輩，他是個典型的菁英，也非常地照顧我。

　　有一次他請我做一個工作，「高松先生，請你把這份簡報濃縮成 1 張簡報，明天早上前放到我的桌上」，由於素材已經全都準備好，我心想應該沒有什麼需要動腦的地方了，於是在做完後放到他桌上，然後下班回家。

　　隔天我一見到植地先生，他劈頭就說——

「高松先生～～～～這是什麼？你這樣就算完成了嗎？少了註釋啊，這是怎麼回事？」

　　我想他說話的語氣應該不是這樣，但我那時因為有以為自己「會被誇獎」的期待落差，這句話在我聽起來就像上面那樣。

「你要把工作確實做完啊，除了重點訊息、主體之外，註釋也要放上去，還要檢查有沒有錯字或漏字，這些全部加起來才是 1 張簡報。」

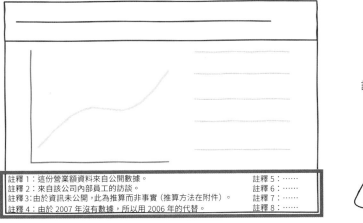

註釋1：這份營業額資料來自公開數據。	註釋5：……
註釋2：來自該公司內部員工的訪談。	註釋6：……
註釋3：由於資訊未公開，此為推算而非事實（推算方法在附件）。	註釋7：……
註釋4：由於2007年沒有數據，所以用2006年的代替。	註釋8：……

註釋是浪漫。

　　植地先生說得沒錯，事實就像他說的那樣，用一句話來總結就是——

不要用隨便的態度工作。

　　我一句反駁的話都說不出口。

　　真的是——

Absolutely agree.

啊，這句話是植地先生當時的口頭禪。

請大家被委託任何工作時，都要繃緊神經直到最後做完為止。

持續保持這樣的習慣，
不久之後你將能夠負責處理重要的工作，
請把註釋也視為浪漫！

060

評價是「互相對照」

VS

評價是「藏起來的」

成長的起點是「現狀」，在關注現狀時
如果只看自己的評價也沒有任何幫助。

來到第 2 年的後半，成長開始帶來彼此間的「差距」。

這時往往會讓人產生以下的想法。

我和周遭的人之間到底有多少「差距」？
我完全不知道。

沒錯，明明大家在做的工作內容和得到的評價完全不一樣，卻一點都看不出差距，原因在於評價通常會被隱藏起來。

話雖如此，我們如果沒有認知到彼此間的「差距」就無法追上，也無法加快成長的速度，因此我要推薦的是這個方法。

和同期同事互相對照評價。

更精確的說法是——

找同期裡面明顯比自己強很多的高手同事互相對照評價。

我超級推薦這個做法，真的只要做了就會知道，當你和同期的高手同事比較完後，會發現你們在下列 3 個地方有天壤之別的差距。

- 現在已經可以做到的事
- 上面寫到的課題
- 公司希望他下次可以挑戰的事情

這些真的讓我大吃一驚，我記得自己第一次看到同期的高手同事評價時，內心也產生了以下的想法。

咦？上面寫說他連那樣的事都「可以做得到」，真假？等級也太高了吧？

整個人打從心底緊張了起來。

更重要的是——

我接下來該做的事以及之後需要具備的能力也變得超級具體。

尤其在一般企業工作的人更該這麼做，由於一般企業有不讓評價本身造成「差距」的文化，因此不能只看評價，「差距」會出現在主管的一句評語或是主管在評估面談時說出的發言。

要是沒有去察覺，這樣的評價制度不僅會讓人以為「自己沒有比同期同事進步得慢」，還會持續營造這種氛圍，不過我們不可以被這樣的制度騙到，也不能因此感到滿足。

因為不論你在哪種公司工作，一定都會——

被評價、被拉開「差距」。

我曾聽說以前的銀行除了實際給出去的評價外，還有名為「人事部評價」的隱藏評價，他們會讓表面上的評價差距看起來不明顯，並用隱藏評價明確地標出差距，作為人事異動或之後晉升的依據。

因此我想給大家一個建議。

為了讓同期的高手同事願意給你看「評價」，你要理所當然地展示自己的評價，然後不斷地慫恿和煽動對方秀出評價，請記得要選實力頂尖的同期同事。

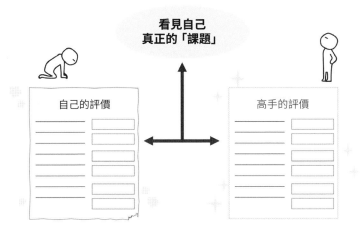

找評價比自己差的人比較是 NG 行為，
那樣做不僅沒有意義，
還會破壞人際關係。

061

FYI

VS

FYI 是什麼？

我進入 BCG 後收到了主旨是「FYI」的信件。
到底什麼是 FYI ？

看到 FYI 真的會讓人心中浮現「不要什麼都縮寫成 3 個字！」的想法。

我進入 BCG 後，收到了主旨寫著以下 3 個字的信件。

FYI

我當時真心以為 FYI 是某個專案的縮寫。

結果它其實是下方這句話的縮寫。

For Your Information

也就是「給你的資訊」的意思，這到底是什麼跟什麼？

不過老實說——

我雖然不喜歡縮寫成 3 個字的文化，但我喜歡 FYI 文化。

這個 FYI 常會被寫在信件的主旨上。

呈現的方式大多如下。

主旨：FYI）柔術進步的要領的文章

就像這樣的感覺。

這就是「就算沒有被拜託，也會毫無保留地把自己知道的情報告訴需要它的人或團隊成員的文化」，而且分享的人不會驕傲地擺出「我有這麼好的資訊喔！」的態度，只是把迷人的這 3 個字——「FYI」寫在主旨上，乾脆地共享。

這真是一種奧妙的文化，FYI 文化最棒了。

還有，如果你能不只寄給「公司內部」的人，甚至寄給「公司外部」的客戶，那就是最讚的怪物級做法。

如果有什麼資訊是你覺得「那個人看一下可能會比較好」、「他說不定會有興趣！」，就乾脆地在主旨加上 FYI，寄給過去曾在工作上互動過的人，我真的很推薦你這麼做，我收到「FYI」時明白了一件事，那就是 FYI 一定會縮短你與寄信給你的人之間的距離。

這當然不只可以用在工作上，用在私底下也有同樣的效果。

我超級無敵喜歡漫畫《獵人》，我的其中一名徒弟——岩本先生每次看到什麼《獵人》的新資訊或有趣的內容，都會透過 Facebook 的 Messenger 用 FYI 的方式傳給我，我看到那些內容時心情都會很好，但他傳給我的這個行為本身也讓我很開心，不管怎麼說，他都是在看到資訊的瞬間想到了「高松先生應該也會想知道這個！」這點很令人高興。

所以請大家也務必要一起迷上 FYI 文化！

「這個資訊說不定很適合分享給那個人！」
請你隨時保持這樣的敏感度，
FYI 會加快你的成長速度。

062

反省純度 100%

VS

99%

已經發生的事情覆水難收，
因此不要搞錯道歉的方法。

　　我接下來要談和前面「期待值管理」很類似的話題，那就是當我們犯下某個錯誤時該怎麼辦，我也犯過超多一點都不想回想起來的錯誤，真的是超級多，每次我都會反省然後道歉。

　　這種時候你一定要注意一件事。

　　那就是——

　　要讓反省的純度是 100%。

　　這句話的意思如下。

**我們不可能讓已經發生的失敗消失不見，
所以絕對不要「找藉口」。
不管被問幾次都不要「找藉口」。**

　　我在當經理時，某個專案有場最終報告，我在黃金週前大致做完資料，並透過信件和該專案的 MD 井上先生及佐佐木先生共享，我

記得那天是黃金週前最後的工作日，後來井上先生寄了以下內容來。

這份資料並未達到 BCG 的水準。

裡面只有這一行字。

這時如果是廢物經理，即使有在反省，純度也不會是 100%，很容易會落到 99%，沒錯，廢物經理可能會說「因為時間很緊迫，所以沒能達到水準」，或者是「素材收集得不夠完整，所以沒辦法有好的產出」等等，開始幫自己找藉口。

根本就是「期待值管理」的馬後炮版本，沒用的，做這種事情也只是——

降低了自己的格調。

而那時的我已經完全具備顧問的素養，立刻只回信表示「抱歉！

請期待黃金週過後的版本」，並在黃金週時一個人關在會議室裡把資料全部重寫，後來在最終報告的前一天，我把「改良過後的資料」寄給井上先生。

我這時的心情超級緊張，大概在早上 5 點 50 分時，井上先生回信了。

做得很好，傑作，辛苦你了！

我記得我在鬆了口氣的同時感到興奮。反省時的純度要 100%，找藉口是沒有用的。

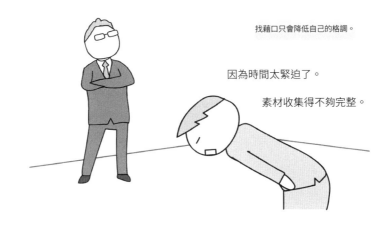

找藉口只會降低自己的格調。

因為時間太緊迫了。

素材收集得不夠完整。

接著跟大家分享一下後續發生的事，後來我跟井上先生說「那時的那封信讓我整個人傻住了，想說『真的假的？咦？不會吧？』」，井上先生聽完後笑著回答：

「啊～我想說要是那樣說，以你的個性你一定會覺得『可惡！』，然後鼓起幹勁去做。」

哎呀，他真的是太了解我了。

我被巧妙地激勵了。

在那之後我們真正地拉近了彼此的關係，他也成為我其中一位很棒的師父。

不只在工作上，
只要反省時
純度都要是 100%。

063

當 NO.1 第一個分享

VS

排名外

人人都可以做到，但卻很少有人這麼做。
完全是個大好機會！

本來應該要在更前面讓這個話題登場的，但我在一開始時已經討論過「魅力」，怕大家會以為「這本書該不會是著重在精神面吧？」所以故意把它往後延了，可是這件事真的很重要，現在差不多該來談談了。

我們在 019 的主題「＋2 度 VS 平常的溫度」談過的訣竅，大家在遠端工作時有好好執行嗎？

你們應該是在會議一開始時就進入線上會議室，然後一有人進來馬上第一個說出「你好！」吧？

你們有發出「我已經加入了喔！」的訊息吧？

我最近也都是遠端講課，然而很少有學生會說出這樣的話：

「辛苦老師了，今天也請您多多指教。」

所以我當然會比較偏愛第一個開口和我說話的學生，因為那樣講起課來開心又精神好，到最後也完全不會累。

學生不過是在一開始說了一句話和我打招呼而已。

打招呼只是一個小動作，很多人卻不願意開口，有的人就算已經有好幾個人進到會議室了，也仍舊保持沉默，用這個時代的說法來形容，就像是有的人甚至要等我打開鏡頭後，才會跟著打開鏡頭。

真是太可惜了。

明明只要第一個說話和率先打開鏡頭就能讓對方感覺良好，還能因為這一個小動作自然而然地得到對方的關照。

各位覺得「很難做到！討厭！」的事情，周遭的人和主管也同樣不喜歡。

正因為如此，我們要率先採取行動，讓我們一起獲這麼做的所有好處吧！

第一個發言的排行榜

1位	你
2位	主任 阿部
3位	處長 久保田
4位	處長 上垣
5位	新人 高江洲
⋮	

　　　　「驕傲自負」⇔「信心受挫」來回反覆的第 2 年

請從今天起試著去觀察會議，
如果沒有人搶著第一個發言，
大好機會就在你的眼前。

064

「1 小時前」行動

VS

「5 分鐘前」行動

我們過去習慣採取的在「5 分鐘前」行動，
其實效果不好。

該說我們以前學到的就是這樣嗎？小學時，老師都是這樣教我們的。

要在 5 分鐘前行動！

嗯，我也是在這樣的教育下長大。

不過這句話的議題是**「如何不要遲到」**，而那是小學生要注意的事，進入社會後「不要遲到」是理所當然，所以我們要把議題再往上提高一個層次。

那就是──

我要如何有效地運用時間？

這個議題昇華的瞬間，5 分鐘前行動或者是 15 分鐘前行動的生

產性都超級不好，原因在於那種長度的等待時間無法處理工作。

　　就算你比約定的時間早到，也只能在那棟大樓的櫃檯前乾等而已，即使有可以坐下的地方，為了5分鐘打開筆電也意義不大，就算你真的要那麼做，對方也很可能會在你準備開始工作時出現，真的是在白白浪費時間。

　　因此我個人推薦——

假如有時間，要在 1 小時前行動！

　　櫃檯附近如果有椅子，你可以在那裡工作，假如你不是第一次去那，也可以在附近的咖啡廳找個位子認真地工作，由於已經抵達現場，會讓人產生不用怕遲到的安心感，通常能夠好好地工作。這時情況要是換成「做完工作後再按照約定時間前往當地」，你一下要擔心「說不定會遲到！我要幾點出發比較好？」一下又要煩惱「要是電車誤點或搭計程車時塞車怎麼辦？」這些瑣事意外地令人坐立難安，生產力也會下降。

　　所以早點移動再進入認真工作模式的生產力會比較高。

更進一步地說，與其說我是希望大家學習在「1 小時前」行動，倒不如說是——

我希望大家能學會連 5 分鐘或 10 分鐘都不浪費的精神。

只要你學會這樣的精神，你也會開始珍惜別人的 5 分鐘和 10 分鐘，這將帶來非常驚人的巨大轉變。

請擺脫從小學起
就一直被提醒的
在「5 分鐘前行動」的束縛。

065

「那件事怎麼樣了」前

VS

「那件事怎麼樣了」後

「那件事怎麼樣了」是晉升可能受阻的警訊。

　　這個世界真的很有趣，一點點的「先後差異」即可讓人生有所改變，可能光是稍微早一點開始就會遇到好事，又或者因為稍微晚一點行動而發生好事。

時機是命運的分歧點。

　　人生很複雜，未來不一定只有好事發生，不過工作上被交代事情時，有一個一定要留意的「先後差異」，那就是──

被問「那件事怎麼樣了」的前或後，
劃分出了天堂和地獄。

　　當主管交代工作給你卻沒告知明確期限時，主管會在覺得「差不多該完成了吧？」的時間點緩緩開口提出疑問，他可能會在電梯裡或吃午餐時說出：

「那件事怎麼樣了？」

假如你聽到這句話，哪怕那項工作你已經做到 100% 的品質，你也無法因此得分，因為「那件事怎麼樣了」和「**你動作太慢了，那項工作完成的時間比我原先期待的時間還要晚**」是同個意思。

即使你做好了萬全的準備，也要當自己已經出局。

就算你聽到後馬上拿出來，對方心中也會有疑問。

如果對方產生「你完成了為什麼不拿給我看？我講了你才給，你是想假裝自己有在工作嗎？」的想法也不能怪他。

因此我都是這麼說的：

「那件事怎麼樣了？」是永別的暗號。

不管是在公司內部還是面對客戶，你絕對要提升自己對繳交產出時機的敏感度。

我最喜歡的神田昌典先生也在著作《成功者的地雷》中提到「成功的秘訣是時機！時機！時機！」真的是這樣，不只創業是如此，時機也是工作成功與否的關鍵。

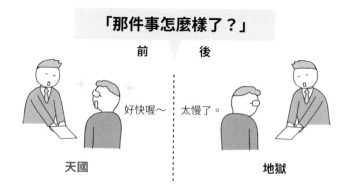

「那件事怎麼樣了？」

前　　後

好快喔～　太慢了。

天國　　地獄

只要帶著被問就完蛋了的緊張感
提早 1 天或半天
把工作完成即可。

066

主管預定行程的狂熱愛好者

VS

不知道主管的預定行程也沒興趣

第 2 年將在今天結束。

終於來到 066 了，這裡是本書的第 2 個劃分點。

3 年＝ 99，所以顧問「最初的 2 年」將在這一回結束。

嘗試寫下來後我再次覺得最初的 2 年果然很扎實，不論是顧問的思考邏輯還是做事方法，我們學到了很多。

因此在第 2 年的最後，我想用「能實際從明天培養起的素養」來做結尾。

那項素養就是——

成為主管預定行程的狂熱愛好者！

很多人都覺得「見到主管可能會被交代工作，所以想避開主管」，或者是「我對主管在做什麼不感興趣」吧？**可是掌握在做同一個專案的主管動向真的很重要，請各位務必要記住這一點。**

我之所以會這麼說，是因為我們一直在進行沒有答案的遊戲，不管討論了多少次，一旦有新的輸入進來，將會一下改變假說和工

作項目，並帶來進化，會造成這麼大轉變的主因通常是主管和關鍵人物見了面、說了話、討論了什麼。

　　舉例來說，主管和客戶去聚餐，大家在邊喝酒邊深入討論後，事情有 180 度大轉變的情況並不少見，即使是在公司內部，經理和在他之上的「重要人物」董事總經理討論過後，也可能會帶來巨大的改變，因此我們這些下屬一定要密切掌握以下資訊。

主管何時和誰說了什麼？更重要的是假說可能會在什麼時候進化。

　　如果是在顧問公司，連很多經理階級以上的人都會公開預定行程，也有不少人會給專案成員看他的行程，一般企業或許不會這麼公開，但只要經常留意**「經理或主管有什麼樣的動向？」**我想也可以發現很多事，如果看不出來，其實也可以問主管「請問你有要和客戶（顧客）聚餐的行程嗎？」。

　　這樣一來**應該可以得知主管假說進化的時間，並以最快的速度預約到主管的時間。**

　　進入到第 3 年，你將會負責更大的議題或更重要的職責，掌握主管假說改變時機的重要性也會以加速度增加，請千萬不要忘記這一點。

　　我想用這個話題在這裡替「第 2 年」畫下句點！

學習到完整的第 2 年，辛苦你了。
最後的第 3 年＝最後 1 年＝ 33 個項目，
讓我們帶著愉快的心情繼續往下吧！

3

「提供附加價值」

正面對決的第 3 年

「第2年」和「第3年」不一樣，我看事情的觀點有很大的不同。

我身為一位顧問，不只在被視為「一名戰力」的過程中會對自己有所期待，MD對我也有很多期待，「第3年」是一個會自然而然提高看事情「觀點」的時期。

- 我在努力成為首席顧問（＝經理底下最資深且最強的戰力）的同時，把成為率領團隊的專案組長當作目標。
- 更重要的是我以顧問偶爾會遇到的嘲諷（＝顧問就像高級文具一樣、顧問只是把東西寫在紙上等等）為契機，糾結地思考「顧問存在的意義是什麼？」。
- 然後更進一步地去想「我想要成為怎樣的顧問？說起來怎樣才算是有BCG的風範？」開始擁有比過去高上一、兩個層次的觀點。

觀點一旦改變，看到的景色也會產生變化，我親身體會到在第2年時瞧不起的首席C和經理到底有多厲害，深刻地反省了自己，因此我的第3年，也就是成為顧問的第3年呈現「飛躍式」的成長，而那些成長如實地形成了顧問的思考邏輯和做事方法。

回顧過去，我認為BCG不是基於「某人證明了他或她擁有足以晉升的技術及實績」而提供晉升機會，而是以「如果是他或她一定能做得到，所以讓他或她試試看」的潛力為晉升依據作為基本精神，這樣的公司很少見吧？

我真的很感謝BCG！

誇獎完我的老東家了。

接下來即將進入最精采的部分。

我的第3年——成為顧問的第3年，正式開始。

067

議題管理

VS

TASK 管理

經理是在「管理什麼的人」？

在顧問業「第 2 年」和「第 3 年」會有很大的不同，具體差異會是在以下這個職位。

首席 C。

首席 C 是首席顧問（Lead Consultant）的簡稱，顧問公司的團隊架構基本上如下圖。

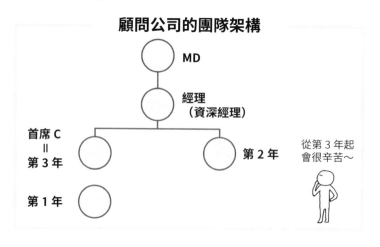

顧問公司的團隊架構

MD

經理
（資深經理）

首席 C
＝
第 3 年

第 2 年

從第 3 年起
會很辛苦～

第 1 年

　　　　　　　　　　「提供附加價值」正面對決的第 3 年

沒錯，第 3 年的挑戰是不只你自己一個人，還要加上團隊成員，如果換一個方式說就是——

為了晉升為經理，你會需要先成為小經理。

因此學習的方式也會不一樣。

最大的變化如下。

議題管理 VS TASK 管理。

簡單來說，「你會有下屬且需要管理他們」，而兩者的差別在於你管理時「用什麼樣的方式來管理」。

三流經理＝ TASK 管理。

也就是下達「去做這個 TASK、這項工作！」的指令，試圖透過把任務丟給成員的方式來進行管理。管理時的基礎也是以下這 6 個步驟。

［議→次→ T →排→執→產］。

所以用 TASK 來管理，等同於讓成員從 [T] 開始工作，從以下兩個層面來看，這是再糟糕不過的做法。

首先是第一個層面，這樣會讓成員在還沒有完全理解 [議→次] 的情況下去做 TASK，他們當然會偏離議題，如果沒有掌握好議題和次要議題，就算大家做同樣的工作也會離題，最終的產出將會走樣。

這就是為什麼我自己當成員時會要「退回到議題」。

再來是第二個層面，只給 TASK 的工作理所當然會讓人有種「純粹在做事、打雜」的感覺，讓工作變得無聊，一個團隊絕對不可以忘記「讓成員愉快地工作」的重要性。

換句話說——

一流的經理該做的是議題管理。

你必須讓成員清楚地認識 [議→次→ T →排→執→產] 這 6 個步驟，除此之外，這時還有一件很重要的事。

雖然共享議題很重要，但面對任何人都不可以給出「議題」後就把事情全丟給對方，**那對還很青澀的成員來說難度太高了，就算你以前是這樣走過來的也請不要這麼做。**

如果你底下的成員已經能獨立作業，當然可以只共享「議題」，然後讓對方去做後續的工程，尤其在管理時要請成員去分解議題，經歷 [議→次] 的步驟。

因為這樣最能讓團隊成員拿出幹勁！

請各位即使身分是成員時，
也不要忘記擔任經理時
會做的議題管理。

068

好的 PMO

VS

不好的 PMO

絕不可以小看 PMO。

我在 067 以公司內部團隊成員的角度說明了「議題管理 VS TASK 管理」，但這當然不只可以用在公司內部。

這些管理方法的統稱如下。

專案管理。
用 3 個字縮寫成 PMO。

不僅顧問這個行業，當你的職位越來越高，越會需要具備 PMO 的技術，PMO 有 2 個種類。

那就是好的 PMO 和不好的 PMO。

我順道解釋一下何謂不好的 PMO。

就是說著「這個 TASK 做完了嗎？」並用「紅、綠、黃燈」分類進度來提供附加價值的 PMO。

這種 PMO 真的很多，我在 NTT DATA 被指派去擔任「地方銀行借貸支援系統」的自我評估團隊 PM＝擔任專案經理時，做的就是這種 PMO，我那時每天都會對富士通大分團隊裡超級優秀的 PM＝和氣先生提出以下這些問題。

> 這個工作項目完成了嗎？
>
> 什麼時候會完成？
>
> 造成進度落後的原因是什麼？
>
> 造成進度落後的原因處理掉了嗎？
>
> 這個任務（TASK）的燈號分類為黃燈可以嗎？

然後把內容輸入進 EXCEL，過著每週開一次例會，原封不動地把那些內容報告出的日子。這真的是很不好的 PMO，**完全沒有產生任何附加價值。**

那時是我在 NTT DATA 的第 3 年，所幸我心中浮現了以下的疑問。

這些事情不是我來做也可以吧？或者該說就算我做了這些事，也不會有任何一丁點成長。

自此之後我開始思考轉職，後來去了 BCG，我那時真的有很強烈的「我到底在做什麼？」的感覺，甚至到了覺得「我一定要轉職！」的程度，但不是那時的工作不好，會這樣不外乎是因為我會的技術不夠多。

重點在於我只知道 TASK 管理那種不好的 PMO，那時我要是知道議題管理這種好的 PMO，我想事情會有不一樣的發展。

那麼，什麼是好的 PMO 呢？

那就是——

說著「這個議題討論完了嗎？」並用「紅、綠、黃燈」分類議題驗證進度來提供附加價值的 PMO。

議題是問題，討論完後必定有「解答」。我舉個例子，假設有個團隊的 TASK 是「以後要導入的系統——SPA 與甲骨文的商品評價（統整）」，如果是不好的 PMO 就會像前面提到的那樣，從「這個 TASK 做完了嗎？」開始，讓你變成只是純粹在問進度的人。

相較之下，好的 PMO 就不一樣。

以問話的方式來說，會像下方這樣。

> 這個任務（TASK）的議題是什麼？
> 討論過那個議題了嗎？
> 經過討論，目前的答案是什麼？
> 什麼是可以促成答案進化的議題？

以剛才提到的題目「以後要導入的系統——SPA 與甲骨文的商品評價（統整）」來說，用以下的方式提問就會變成「好的PMO」。

- 議題是「以後要導入的系統——SPA 與甲骨文的商品相比，哪個比較好？」對吧？
- 所以需要解決的問題（＝次要議題）有 3 個，分別是「商品各自的特點是什麼？」、「以後導入時的評價基準是？」、「以此為基礎的評價結果是？」這 3 個，有人有不一樣的認知嗎？
- 那麼，這 3 個問題目前的答案是什麼？
- 我明白了。第 2 個問題還沒有確定的答案是不是因為少了某些素材？

這感覺就像我們一起手牽手經歷了重要的 6 個步驟，從綜觀整體的立場來看，可以讓團隊仔細且健全地通過 [議→次→ T →排→執→產] 的 PMO 就是好的 PMO。

只要能夠學會做出好的 PMO 的技術，你真的不論在哪都能把工作做好。

你要做的工作都是 PMO，差別只在於你是不是一個人，還有是在公司內部還是公司外部。

請各位千萬小心不要做出不好的 PMO。

讓我們一起成為能夠做出最棒的好 PMO 的人吧。

全都是 PMO 案件，但會讓人有所成長嗎？
↓
只要能夠實踐「戰略型 PMO」就能有所成長。

不好的 PMO ＝一般的 PMO	好的 PMO ＝戰略型 PMO
・那個工作項目完成了嗎？ ・那個工作項目什麼時候會完成？ ・造成那個工作項進度落後的原因是什麼？ ・造成那個工作項進度落後的原因處理掉了嗎？ ・由於有工作項目進度落後，分類為紅燈。	・應該要討論的議題是什麼？ ・那個議題討論完了嗎？ ・哪個議題的討論延後了？ ・處理那個議題討論延後的原因了嗎？ ・由於有議題還未討論，分類為紅燈。

> PMO 是最棒的商務技巧，
> 只要你能把它學好，
> 一生光靠它就能維持生計。

069

軟案子

VS

硬案子

軟案子？硬案子？
這裡講的不是勞動或工作的辛苦程度。

時間來到「第 3 年」，顧問的思考邏輯和做事方法也不再只著重於個人，而是開始從「專案」的角度出發。

之前在做專案時都是在經理或主管的帶領下從「議題」慢慢進展到「次要議題」，再接著進到「TASK」，可是接下來你必須自己思考如何面對收到的議題，這個過程也被稱為「案子設計」。

此外，這次也是用 VS 的形式來呈現，但不是「左邊比較好！」而是我單純想討論有 2 種個案設計的話題。

當你在訂定大的議題時，隨著你的年資邁入第 3 年或者是變成身為經理的立場，必須要思考以下的問題。

我要創造怎樣的案子？

還有，不知道為什麼在 BCG 都稱專案（Project）為案子（Case），

並稱呼專案負責人為案子負責人。

至於實際在做細節設計的階段當然是我們常用的步驟——

[議→次→ T →排→執→產] 中 [T] 的部分。

不過在進行詳細的 [T] ＝案子設計前，先想好大致的計畫很重要。

這時我希望大家要去思考下方的 VS。

軟案子 VS 硬案子。

想想你要做哪一種？哪一種的比重要多一些？

◎什麼是硬案子？

硬不是「體力上很消耗」的意思，而是「扎實、明確」的那種硬，具體來說指的是「要怎麼提高 2 倍的營業額？」、「要如何減少業務流程的 25 %？」這樣類型的議題和專案，比較像是以量化分析為主軸的案子，因此它的別名又叫「重分析的案子」。

◎什麼是軟案子？

軟是「寬鬆」的意思，這裡的「寬鬆」不是「體力上的不費力或輕鬆」，而是訂定議題方式較為「寬鬆」，具體來說指的是「要如何讓本組織的氣氛活絡起來？」、「要怎麼做才能形成符合企業理念的企業文化？」這樣類型的議題和專案，比較像是以質化分析為主軸的案子，因此它的別名又叫「重訪談的案子」。

以上是案子的分類方式。

「提供附加價值」正面對決的第 3 年

你喜歡軟還是硬？

軟案子	硬案子
・組織重組	・針對新事業做市場調查
・組織文化變革	・提升營業額的戰略
・建構企業理念	・降低成本
・重新建構公司治理	・營運改革
・加強培育人才	・籌備新事業

我們在和客戶或經理討論「案子之後的發展方向」時最重要的當然是「議題是什麼、分解之後會變怎樣？」如果能以此為基礎討論出「要用什麼方法解決那個議題？」、「要走硬的路線還是軟的路線？」就能進展到下一個階段。

此外，一般認為軟案子會難上 3 倍，如果要進行分析，當然包含驗證假說的部分也要做到「黑白」分明，可是軟案子一旦要追根究柢，就必須用以下的內容作為主要素材來建立假說。

某人在訪談中說了這樣的話！

除此之外，軟案子在設定目標方面也很不容易，假如是硬案子，可以輕易地訂出「量化型的目標＝ 2 倍的營業額或降低 25% 的成本」等目標，然而軟案子處理的通常是組織或文化，所以難度會提高。

以實務上來說，案子設計的正確對策如下。

在摸索能不能做成硬案子的同時加入軟案子的要素，再來做轉換。

　　請各位務必要嘗試用這樣的角度來綜觀自己被指派或過去負責過的工作，等到你當上經理，這時培養起來的敏銳度一定能派上用場。

> 看你要做成硬案子
> 還是軟案子都可以，
> 一開始先從擅長的類型下手吧！

070
幹部合宿
VS
SC（指導委員會）

顧問的傳家寶刀，
在幹部合宿讓附加價值倍增！

我們在顧問的思考邏輯和做事方法的「學習」進度，來到了要更上一層樓的第3年，各位漸漸開始對經理這個職務有所認識了吧？很不錯喔。

這篇我想稍微談談顧問公司「提供價值的方法」，這個技巧也能在一般企業內使用，請各位好好享受本篇的內容。

一般都認為以下這項是顧問提供的其中一種價值。

能從「第三者」的立場發表意見。

這是比較好聽的說法，不過這句話在討厭顧問的人耳裡聽起來，大概就像在說「『因為顧問是不需要承擔責任』的立場，所以想說什麼都可以」。

兩邊說的都是實話。

這次我想介紹的是最能夠發揮顧問身為「第三者」的價值，同

時也是「BCG 提供的服務」中，我實際經歷過且最物有所值的服務。

那就是——

幹部合宿。

其實我從一開始時就超級想寫這個話題。

幹部合宿是大家最喜歡，外加我也相當喜歡的服務。

基本上當專案要做出某些決策時，包含總經理或幹部在內，所有有決定權的人會一起開一場名為 SC（指導委員會）的會議做出定奪，這時顧問當然會準備好能讓那場會議討論得很熱烈的重大素材，有時也會藉由引導來提供價值，這些對顧問來說是理所當然的事，假如各位把自己公司的處長們看作是「幹部」，其實也可以說你們和顧問身在同樣的環境裡。

只要能安排好 SC，就能創造出最棒的價值，而能夠創造出比 SC 更多價值的就是——

幹部合宿。

幹部們去附近的溫泉旅館住個 1～1.5 天，討論未來的成長計畫，這樣也算是幹部合宿，不過這次要談的是有身為第三者的顧問加入的「幹部合宿」。

單純的幹部合宿也有其價值，但有第三者加入可以創造出超乎想像的價值。

例如以下的案例。

幹部之間有許多人際上的顧慮，通常無法說出真心話，這時顧問就能去當那個「壞人」或「沙包」，用真心話來帶動討論。我在 BCG 時也參加過好幾次幹部合宿，過程真的是很刺激，尤其是地方銀行合併暨討論合併後「未來的成長戰略」的合宿實在是令人印象深刻。最初是從「哪邊要當總行」討論起，原本兩邊提出的所有意見都是偏向「自己那一邊」，儘管之後要合併在一起，雙方感覺上也完全沒有任何共識。

然而參加完的部長們卻在這場 BCG 舉辦的幹部合宿中興奮地表示「我還是第一次看到對方董事長和我們董事長相談甚歡的樣子，讓人安心多了」、「對方居然說我們的做法比較好，我都懷疑我聽錯了」等等，我真的很懷念那一幕。

當事人要說出真心話就是有那麼難，身為第三者的顧問可以在這種時候巧妙地讓討論有所進展。

我再舉一個例子。

為了舉辦「幹部合宿」，通常會成立籌備委員會，顧問將會和委員會的成員一起做各式各樣的準備，會被指派來當委員會成員的一般都是各公司的「頂尖人才」，因此那些適合的超頂尖人才將會和顧問進行激烈的討論，就像是「幹部合宿」的前哨戰。

換句話說，幹部合宿也有讓未來可能成為「高層」的次世代人才在晉升高層前變得熟絡的價值。

只要隸屬於組織，就會有「派系」的存在，可是派系間要是有勢力鬥爭，以公司的立場來說肯定很難做出最好的選擇，因此只要你能在公司裡負責準備「幹部合宿」，這必定會成為你最佳的晉升機會，不對，是你一定會大大地晉升。

我的客戶裡也有人在銀行內勢力相互對立時，率先接下了籌備委員會的職務，撿起沒有人要的燙手山芋，不斷地推動這件事，最後情況演變成「他說的話大家會聽、大家願意和他一起做事」，他也在不知不覺中爬到了常務董事的位置。

其實私底下也會有這種問題呢，我們認識的人當中多少也會有派系之分，類似這個小圈圈的人多了，就不好叫另一個小圈圈的人來的情況，這種時候你要是能扮演好「幹部合宿」的角色，勢必會非常受到重視。

請大家不要忘記「幹部合宿」的存在，要把它視為你其中一種「提供價值的方法」。

幹部合宿的回憶

聽杉田先生聊過去的事蹟，泡溫泉泡到頭暈也是幹部合宿的醍醐味。

即使遠端工作的時代到來，
「幹部合宿」也一定要
在現實中聚在一起！

071

賦能

VS

提供「解答」的價值

賦能是顧問「意料之外」的附加價值。

透過顧問提供價值的方法，我想拉高大家在提供「附加價值」時看事情的角度。

顧問可以提供各式各樣的價值，其中也有很少人知道的價值，而最廣為人知的價值當然是和客戶一起討論，找出客戶苦惱已久的問題的答案。

換句話說就是——

提供 Answer、答案、解答的價值。

一切都要從提供這項價值開始，顧問要是做不到這一點，就會被客戶說「你到底來幹嘛的！」然後被趕回去。

可是顧問能提供的不只有這一項價值，還有下面這一項。

賦能。

也許你沒有聽過這個詞彙，賦能直接用英文寫出來是 Enablement，直譯則是「有效化、機能分配」的意思，機能分配這幾個字感覺很難懂吧？如果用商務上的解釋來意譯，會是以下的意思。

不是提供解答，而是讓參加那項專案的員工在一起實際處理專案的過程中成長，讓員工變得有效化＝戰力化。

這項價值出乎意料地高，而且我想有非常多的幹部在委託工作給顧問公司時，都很期待賦能＝員工的成長。

這當然不只能套用在做案子上。

我也希望有下屬或後輩的各位未來能聽到底下的人這麼說：

「和◎◎一起工作後，我成長了許多。」

如果你得到這樣的評價，絕對是真正的贏家。

我是說真的。

只靠自己或一個人能提供的附加價值有限，所以整個團隊一起想辦法提供價值是很重要的一件事。

請你千萬要記住這一點。

「賦能」看起來
很像是單純在耍帥的說法，
但沒有比它更適合的表現方式了。

072

空手

VS

透過資料包（Package）

如果你還把 PowerPoint 當朋友就太菜了。

這也是顧問提供附加價值的進化版。

顧問公司的專案基本上都是每週和客戶開 1 次會，外加每次都會帶 25 張左右的資料去討論，不斷地重複這個行為。

所以有人會揶揄說「顧問只是在做連環話劇吧？」然而顧問總是隨手帶著 PowerPoint 資料，會被人笑話也是沒有辦法的事。

那樣完全是在透過 PowerPoint 提供附加價值。

PowerPoint 本身固然很重要，沒有它就無法開始也是事實，但光是這一點就會很容易讓客戶說出像是下方這樣的酸言酸語。

顧問只是代為執行我們交代的事的高級文具、高級臨時工。

但我們的目標當然是成為──

值得信任的顧問，客戶有問題時想優先打電話聯絡的對象。

客戶遇到問題時會馬上想起，或者是在連那個問題可能會變多大都不知道的狀態下想要商量的對象，我們想要成為的是這種顧問。

為此我們**必須做到可以空手討論，即使沒有資料也能提供附加價值**，現場把客戶的煩惱議題化，再在白板上分解出問題並建立次要議題，接著以此為基礎找出未來的 TASK。

你必須立刻做出這一系列反應。

「第 3 年」應該很難達到這個境界，不過卻是可以開始做這項練習的時期，那時我採用的練習方式是——

TULLY'S 面談。

說到什麼是 TULLY'S 面談，就是我在 BCG 當經理時，對坐我對面的北川先生做的練習。

把專案的主題放一邊，不帶任何東西在公司內的 TULLY'S 咖啡廳邊喝咖啡邊討論。

我把這稱為 TULLY'S 面談，此外我也認為這是成為值得信賴的顧問的第一步。

> - 考慮到保密義務及在咖啡廳拿出資料很遜，當然不可以拿出資料或筆記。
> - 時間大約是 30 分鐘或更短，再加上我們喝的不是酒而是咖啡，在某種程度也表示沒有「玩樂」的成分。
> - 「30 分鐘」內可以聊任何主題，除了工作上的事之外，也可以聊個人的私事。

沒辦法「逃跑」的 TULLY'S 面談

思考的引擎

參加者必須在具備這 3 點的環境下提供價值。

這樣的環境很有挑戰性吧？希望大家都能在這樣的環境下磨練技術。

否則你們會變得只能透過資料包（Package）來談，也就是只能聊專案的事，成為一名沒有準備就說不出話來的顧問，這樣根本不可能變成能夠賣出專案的顧問。

這個問題其實放在所有的商務人士身上都一樣。

就算 PowerPoint 資料準備好了，假如你們不擅長現場討論，又或者無法在突然要對處長說「可以稍微和我討論一下嗎？」的時候提供「附加價值」，各位說不定也會在某天淪落為公司內部的「高級文具」。

> 如果你覺得「我想要和這個人工作一輩子！」
> 那就約對方來一場 TULLY'S 面談吧。
> 這就是名為 TULLY'S 面談的武器。

073

乾燥

VS

不乾燥

沒想到「乾燥或不乾燥」
原來有這一層意義。

前面這幾篇大致上談的都是「專案管理」時的顧問的思考邏輯和做事方法，內容的難度也變高了，請大家配合自己「目前」的立場調整閱讀方式。

如果是覺得自己做這些還太早的人，我希望你們能把學到的用來推測主管的想法，明白「主管正在這樣的事情」，如果是覺得「這就是我需要的！」的人，請完全記下來並從明天起多多使用。

至於我這篇要講的內容是「乾燥 VS 不乾燥」的話題，我要表達的不是「乾燥」很好或「不乾燥」不好，重要的是兩種都能運用自如，更進一步地說，我希望你們在用 PowerPoint 或口頭傳達時留意這件事，不對，比起用口頭溝通，請你們意識到在用文字溝通時更需要注意這個問題。

也就是——

訊息有「濕度」。

當你們認知到這件事，溝通能力將會變得更好。

我舉個例子，假設各位是接到「Tri-Force 大島」提高營業額委託的顧問，你們進行完各種分析且鎖定課題後，要用 PowerPoint 的訊息框（＝最上面的欄位）來呈現。

這時就必須把「沒有乾燥」的濕訊息變成「乾燥好的」訊息，順便說一下，這邊假設 PowerPoint 主體的部分也全都是同樣的風格。

接下來讓我們來看看訊息乾燥的流程。

Tri-Force 大島的定價策略設計得「對學生好過頭」，即使再＋5千圓也不會改變顧客滿意度。

↓

Tri-Force 大島「上課不限堂數只要 1.5 萬圓」，參考只租借設施的健身房都要「7 千圓」，價格可能太便宜了。

↓

Tri-Force 大島是不是有「價格設定」的課題？

↓

Tri-Force 大島的課題（BCG 定義上的感想）

總結來說，「乾燥」的狀況很不錯呢。

希望大家能感受到「乾燥好的」訊息和「沒有乾燥」的差異。

那麼，我往下說明這是在做什麼。

首先我將「乾燥」簡化為 2 個方向。

①排除事實、具體、栩栩如生的部分。
②降低肯定的強度

需要改變「訊息濕度」的原因在於要傳達的內容是「課題」，因此要是搞錯傳達的方式，會不小心讓人覺得「不需要說得那麼難聽吧！」就算你的出發點其實是為客戶好，也可能會有客戶聽不進去的風險，完全是本末倒置。

所謂訊息的濕度取決於**「自己與客戶間的距離感」**及**「客戶的個性」**。

因此如果對方是新客戶，就要用乾燥的方式，反之如果不是新客戶，與對方的交情越深，越需要採取直接且不乾燥的方式。

不用我說，兩者間的二元對立就像下方這樣。

乾燥好的訊息很少會打出全壘打或讓客戶感動，相對地也降低了遭到批評的可能性。

VS

沒有乾燥的訊息讓被批評的可能性以等比級數上升，但訊息說到客戶心坎裡時，可以大大地帶動整個氣氛並獲得信任。

也就是說各位獲得了新的「要領」。

在［議→次→Ｔ→排→執→產］的最後製作［產出］時，你們會變得懂得去思考「我該怎麼傳達訊息？」。

這是一場從這次的議題「答案是什麼」的世界向前進化的戰役，透過控制訊息的濕度，各位將能夠讓客戶動起來，且有辦法說出較容易打動客戶的建議。

「提供附加價值」正面對決的第 3 年

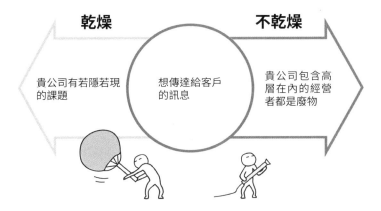

乾燥　　　　　　　　　　不乾燥

貴公司有若隱若現
的課題

想傳達給客戶
的訊息

貴公司包含高
層在內的經營
者都是廢物

　　說個題外話，我拜師的石毛老師經營的「Tri-Force 大島」雖然
超級無敵棒，卻讓我打從心底覺得「咦？這個收費也太便宜了吧」，
所以我這次把它提了出來，Tri-Force 大島真的超讚。

乾燥或不乾燥沒有優劣之分，
請參考彼此的信任程度後
再做出判斷。

074

實用

VS

說了跟沒說一樣

**我寫這本書時最在意的就是這件事——
是否實用。**

接續前面的話題,我想再談一下關於「訊息的寫法」,也就是我們**「在想解決手段時一定要留意的事」**。

人一生或多或少都會面對「有人來找你商量」的情況,不只是當顧問會遇到,也不只會發生在工作的場合,通常我們對此都會給予以下的意見。

這樣做比較好。

顧問透過給意見來獲得金錢,醫生和律師當然也是,實際上所有的商務人士都是,給下屬的回饋也算是意見的一種,在各式各樣的情況都會發生需要我們給建議的場面。

希望大家能在這種時候回想起這篇教的顧問的思考邏輯和做事方法,再提供建議給別人。

關鍵如下。

實用！
是否實用！

直譯的意思類似「是否有實際執行的可能？」。

如果用比較隨興的說法來形容相反的狀況就會是──

說了跟沒說一樣。

意即「你那句話或許是想給建議，但什麼事都沒有改變，跟沒說是一樣的意思」。

我每次聊到這個話題時，都一定會提到「下計程車時的對話」，各位記得在下計程車時勢必會聽到的話嗎？

計程車司機絕對會用關愛的心情說出：

「請不要忘記您的隨身物品。」

真的是一定會聽到這句話，可是我每次都會在心裡吐槽「不不不，這種建議說了跟沒說一樣」，原因在於不會有人故意忘記東西，忘記是下意識做出的行為，所以就算聽到了「請不要忘記您的隨身物品」這句話，本人也會心想「我怎麼可能會忘記」，直覺地浮現以下想法。

客人，您的東西沒拿～

我才不會忘記東西。

然後像平常一樣下車，忘記東西的問題並沒有減少。

那要用什麼樣的說法才會變得實用呢？
我來教大家 2 種「提醒的方法」。

第 1 種是明確地指定需要做的「行動」。
具體說法會像這樣。
請您下車時再回頭檢查一次，看看是否有東西遺留在座位上，另外也請您彎下身子確認一下腳邊。

非常實用吧？
第 2 種是讓對方感到「害怕」。

請不要忘了您的隨身物品。
所有的遺失物都會在當天拿去丟掉。

司機應該不可能在計程車內說出這樣的提醒，不過這句話聽起來確實能改變客人的行動。
這裡我想出一道題目考考大家。
我把它命名為「變實用小測驗！」。

小學生升上六年級後，開始考試競爭，幾乎每天都要考試。
考試時都要在答案卷上寫名字，而且可以說一定會出現「忘記寫名字的學生」。
請各位想想要怎麼出言提醒，才能避免他們忘記寫名字，

　　　　　　　　「提供附加價值」正面對決的第 3 年

好了，那我先從讓對方感到「害怕」的說法開始下手。

忘記寫名字就 0 分。

就像這樣，比起「說了跟沒說一樣」的說法，小學生們或許會因為害怕而記住得寫名字，算是有變得實用一些。

那麼，如果是明確地指定需要做的「行動」，會是怎麼樣的說法？

請把書寫用具放在右上角姓名欄的下方，然後用筆尖指向姓名欄最先下筆的位置。

就像這樣，很實用吧？小學生們在聽到「準備～開始」的瞬間拿起鉛筆時，只要姓名欄在鉛筆旁邊，我想他們也不會忘記要寫名字。

請大家在工作上給建議或解決手段時，試著像上述那樣加入這些思考循環，光是能做到這點，效果就會好上很多。

**請大家從今天起，
在每次下計程車時
（在內心）偷偷竊笑。**

075

建立假說的「焦點團體訪談」

VS

驗證的「問卷調查」

輸入的代名詞——
「訪談」和「問卷調查」的用途差異。

［議→次→ T →排→執→產］。

我們經常提到這個方法，我想各位已經很熟悉了，這篇我想要更進一步地傳授在 [T] ＝設計 TASK 時需要注意的事情。

有一間名為 Macromill 的公司提供了顧問常會用到的一項服務，我自己也很常用到，他們會幫忙製作顧問在思考如何面對「沒有答案的遊戲」時最重要的輸入，也就是用來思考的素材。

他們會做以下 2 件事。

焦點團體訪談和問卷調查。

這樣的 TASK 除了開創新事業會去做，在開發新產品時也絕對會執行，所以接下來就讓我來傳授這 2 項超讚輸入的使用方式。

首先是「焦點團體訪談」就如它的名字，會「找來好幾個人進

行訪談」。

比方如果是葡萄酒的專案，訪談者會用「讓我來訪問『你是如何挑選葡萄酒專賣店的？』」的感覺，在 30 分鐘到 1 小時的時間內提出疑問，焦點團體訪談的名字雖然有提到「團體」兩個字，但實際上也有一對多的形式，必要時也會進行一對一的訪談。

接著是「問卷調查」，不過進行的是比起一般印象更為詳細的「固定樣本調查」，鎖定了回答問卷的人的範圍。

例如葡萄酒的專案就會鎖定「對每個月買 10 瓶以上的葡萄酒，外加擁有葡萄酒櫃的人進行問卷調查」，問題則是選擇題的形式。

顧問和一般企業的人像這樣運用「焦點團體訪談」和「問卷調查」2 項工具，日復一日創造出了許多新的事物。

個別用途的差異如下。

建立假說的「焦點團體訪談」
VS
驗證的「問卷調查」

順道一提，這裡要談的不是哪個好或哪個壞，但個人認為「焦點團體訪談」壓倒性地能創造價值，在專案一開始或要建立「哪方面還有成長的空間？」、「製作這樣的商品會比較好！」等新的假說時，絕對要選擇「焦點團體訪談」。

我曾經真的在葡萄酒的專案中進行焦點團體訪談，並在事後追加對那些人的「一對一」訪談，建立了葡萄酒專賣店的課題假說。**焦點團體訪談和問卷調查不同，看的不是整體面向，而是用「那是為什麼？」、「這部分再說得詳細一點」的感覺來詢問，可以不斷地往下深入挖掘**，像那次我就可以一邊聽取熟悉葡萄酒的人的意見，一邊和他討論，實際上我後來和他交情變得不錯，他還拿出了最近 3

個月在葡萄酒專賣店購入且在家喝完的「Etiquette（葡萄酒的酒標）」給我看，那些資料後來成了最棒的討論素材，那個案子可以說是多虧有他才能贏得勝利。

另一方面，問卷調查無法建立「假說」，反而是要**用來驗證透過焦點團體訪談建立的「假說」**，例如用量化的方式來驗證「你有多高的意願使用新的服務？」所以專案通常會在後半再來進行問卷調查。

假如各位也有機會「從 0 開始創造新事物」，請務必要分清楚「建立假說的『焦點團體訪談』VS 驗證的『問卷調查』」。

記好嘍，請在心裡默念
「先進行焦點團體訪談
（建立假說）之後，
再做問卷調查（驗證假說）」。

076

隨機應變

VS

按照預定計畫

訪談需要精心準備。
你有辦法捨棄想好的計畫嗎？

前面提到了大家最喜歡，我也最喜歡的建立假說用的「訪談」，因此我想在這邊教會大家進行訪談時的「法則」。

我要先說一件事——

法則總共有 14 個。

如果要全部都詳細地寫出來，光是這些法則就能湊成一本書，所以我的解說只會快速地帶到重點。

①訪談不是為了「驗證假說」，而是為了「建立假說」

建立假說才是訪談的主戰場，這是最要緊的部分，我先前也有提過了。

②仔細寫好「訪談大綱」，最好想像出「可能會有的發展」

訪談是在執行 TASK，因此一定要先寫好在那場訪談中想要問的問題（＝議題）是什麼，這樣的內容被稱為「訪談大綱」。

請不要用「要是這樣問，可能會得到這樣的回答，然後再針對回答進一步提出這個問題」的方式寫出無趣的訪談大綱，而是要以寫出「有故事且耐人尋味的訪談大綱」為目標。

③訪談大綱說到底只是「保險」

只要先把訪談大綱寫好，一個人進行訪談也可以，但最重要的是——

不要完全照著訪談大綱走或「按照原本想的」問題，而是要「隨機應變」深入挖掘應該要問訪談對象的問題。

「姑且把寫在訪談大綱上的問題全都問一遍吧」的想法最不可取。

④「讓 N ＝ 1 變成 N ＝ 2」的訪談是廢物

增加 N ＝增加同一類型訪談的次數不僅無法變成議題，也不是好的做法，其中最糟糕的莫過於想要做到 N ＝ 7 之類的當作驗證，還認為「有好多『支持假說』的評論！」的人，我完全搞不懂他們在想什麼，要驗證就用問卷調查。

⑤「一點突破或一點豪華主義」＋「當作問過了的訣竅」

不可以害怕被人問到「那題你沒有問嗎？」的問題，這裡延續了前面提過的話題，訪談要和案子設計一樣，以打出全壘打為目標。

⑥訪談的對象是「多重人格」，但那之間的矛盾很有趣

在進行訪談時很容易會在無意中「誘導」受訪對象，不過人的行動往往充斥著矛盾，而訪談就是要搞清楚這一點，因此先對人類會有「整體來說很小氣，卻願意搭計程車」這樣的前後矛盾心裡有數，是讓訪談成功的關鍵。

⑦一場訪談讓案子起死回生，甚至引導案子走向勝利的情況很常見

由於訪談會建立假說，有時一場訪談會改變「事情的走向」，因此把訪談放進 TASK 設計很重要。

另一方面，問卷調查並不會讓狀況一次逆轉。

⑧訪談對象「要費心思考才回答得出來」的問題最棒

為了引出新的情報，「會讓那個人現場動腦思考」的問題是最佳選擇，而不是「那個人以前曾經想過」的問題，這樣才能聽到最真實的真相，進而建立出精準的假說。

⑨想辦法靠魅力得到對方的聯絡方式，方便之後追加提問

我好幾次都被這一條法則拯救，訪談之後出現想要追加提問的事是很正常的狀況，因此請讓自己之後也可以聯絡到訪談的對象。

⑩要在 24 小時內完成「訪談紀錄」，就算一天內有 7 場訪談也要咬牙完成

我想這點大家都很清楚，新鮮度是素材的生命。

⑪不可以把發言乾燥，重點是「還原度」

我之前也說過訊息有濕度，所以基本原則是在記錄時要盡可能地不做解釋，也不要寫得太抽象。

⑫戰爭在訪談前就已經開打了，要訪談誰？什麼時候訪談？時
　間來得及嗎？誰來負責訪談？

　　在做訪談的準備時，選定訪談對象等等的大多要花上 3 個禮拜
左右的時間，因此請仔細做好 TASK 設計。

⑬「素材」比「實力」重要＝在選定訪談對象上不可妥協

　　一切取決於「要問誰？」而不是「誰去問？」，這樣的說法非
常直接，但這是事實。

⑭最後請幫受訪對象取「綽號」

　　假如受訪對象超過 10 人以上，請幫他們各自取一個容易聯想的
「綽號」，光是做到這一點就能讓團隊討論起來更方便。

　　總結來說裡面也有屬於小細節的法則，但每條法則都很重要，
把這些記在腦袋裡絕對不會吃虧！

> 訪談一次就會定勝負，
> 所以請仔細地做準備，
> 然後打出全壘打吧！

077

議題結構

VS

爭論點

VS

發言順序

接在會議紀錄論之後的進化論
=「引導進化論」。

雖然目前才到顧問生涯的「第 3 年」，但隨著年資累積，我們將會來到光靠在會議不斷發言也算不上有提供附加價值的年紀。

這時外界希望我們擁有的是以下這項能力。

引導（Facilitation）。

不只是顧問，在一般企業上班的人也一定要學會這樣技術。

要學會引導的技術，最先要理解的就是——

引導進化論。

這是接續在會議紀錄進化論之後的第 2 種進化論。

這個進化論是由 3 階段所構成。

◎第 1 階段：引導出「發言順序」

首先從這裡開始著手。

說到「接下來要請誰發言？」這件事，看起來像是特意決定的，不過我這次要談的不是那種作法，更像是用下方這樣的方式做開頭。

請各位以時鐘的旋轉方向來自我介紹。

那麼，有沒有人有意見想要發表？

與其為了讓討論進行下去而指定發言順序，不如用下方的問題作為議題。

要如何讓所有人全部都發言到？

這是第 1 階段。

◎第 2 階段：引導出「爭論點」

從這裡開始進入「有意義的引導」的階段，不是「大家平等地說話！」而是引導出發言順序來讓討論進行下去。

這時最重要的事情就是——

是否能讓擁有「不同」意見的人也能好好地發言？

只要去看日本知名的引導者田園總一郎先生的《討論到天亮》，就能看到什麼是第 2 階段的「爭論點」引導。

其中最厲害的是他會事前掌握參加者們「各議題的立場」，再

藉由自然地把手指向持有反對意見的人來帶動討論。

第一步，點出明確贊成的人。
第二步，點出明確反對的人。
最後點出表面上不贊成也不反對的人，說出「你在胡說什麼啊？」果斷地做出切割。

如此一來，誰和誰的意見相左，以及什麼是「爭論點」都會鮮明地浮現出來，真的是非常厲害。

◎第 3 階段：引導出「議題結構」
引導完發言順序，也引導完爭論點後，只剩下這件事要做。

引導出各參加者的「議題結構」。

不論什麼樣的會議都有「議題」存在，或者該反過來說，因為有「議題」的存在，和議題有關係的參加者才會聚在一起討論。

假如會議的參加者有 3 人，而且是葡萄酒的案子，就會從「我們來討論『要如何提高這間葡萄酒公司的營業額？』的議題吧！」開始討論。

這種時候引導者必備的思維就是得讓 3 人經歷 [議→次→ T →排→執→產] 的步驟。

因此身為引導者一定要按照這個順序進行引導，過程中最具挑戰性的階段如下。

參加者的創見最先出現的 [議→次] 階段
＝也就是要怎麼分解議題？
＝湊齊議題結構。

這就是引導在第 3 階段的進化。

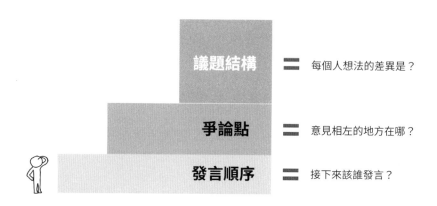

議題結構	===	每個人想法的差異是？
爭論點	===	意見相左的地方在哪？
發言順序	===	接下來該誰發言？

話說回來，有一個好方法可以檢查這 3 個階段的引導是否成功，那就是確認「討論完後，白板上寫了些什麼？」。

假如討論完後，第一塊白板上寫的都是 TASK 或解決手段，甚至是 9 格法等對產出的想像圖，那就是失敗的警訊。

相較之下，開始討論後第一塊白板上羅列著「議題」和「帶有？的問題」，那就能視為成功的信號。

引導的目的不是引導出「發言順序」或「爭論點」，而是引導出「議題結構」。

能夠掌控討論的人
就能在「工作」上得勝，
引導技術即是為此而生。

　　　　　　　　　　　　　「提供附加價值」正面對決的第 3 年

078

後勤與目錄

VS

結果與內容

工作上最重要的就是後勤與目錄，就連語感也是最棒的！

　　顧問生涯的「第3年」等級真的有了大幅的提升呢，感覺真不錯。

　　當我們在思考顧問的工作到底要做什麼，以及除了顧問之外，站在領導專案立場的人要做哪些工作時，通常都會注意到以下這兩件事。

後勤和目錄。

　　沒錯，**計畫可以說決定了工作的一切**，這在「訪談的法則」那篇多少也可以感受到。

　　要有任何產出時的步驟一定是 **[議→次→ T →排→執→產]**，此外最好能在每次 [→] 結束的時候和經理或主管進行討論，然而他們也很忙碌，比方你們要是在 [議→次] 結束的階段突然問他們「等一下有空嗎？」也只會得到「怎麼可能有空」的回答，錯失了最佳的討論時機。

後勤和目錄。

因此你必須事先預想自己的進度，像下方這樣先預約好經理或主管的時間。

如果能在這個時間點討論個 5 分鐘就好了。
不過那個時間點希望能討論 30 分鐘，
另一個時間點則是希望討論 1 小時。

假如對方是公司外部的客戶，你更該先預約好。不只是開會，在做訪談的事前準備（例如委託業者去找訪談對象等等）也需要事前做好準備。

這些準備全都稱為「後勤準備（Logistics）」，簡稱如下。

後勤。

因此當你在幫忙經理處理專案時，**重要的是後勤。**

還有另一個很重要的東西是目錄，我身為一位顧問兼經理，把重要的東西＝ 2 個結合在一起並用以下方式稱呼。

後勤與目錄。

目錄是我為了讓語感更好而選擇的詞彙，不過我對這個詞彙的想像是 PowerPoint 資料的「目錄」，PowerPoint 的目錄完全是產出 6 步驟中最初的 [議→次]，相當於——

「議題」與「分解議題後得到的問題」。

舉例來說，「要如何提高葡萄酒公司的營業額？」這個議題分解後的結果，也就是用來作為產出的資料目錄肯定會像接下來的範例。

I. 葡葡酒公司的現況與大環境
II. 以此為基礎，葡萄酒公司遇到的課題
III. 解開課題的解決手段

從議題分解出的問題徹底變成了次要議題「不是疑問句的版本」，而決定要如何處理這份目錄，才是經理真正能大顯身手的地方。

如果要刻意做成 VS，會變成以下這樣。

後勤與目錄 VS（不是後勤的）結果與（不是目錄的）內容。

兩邊都不願意認輸啊。

後勤與目錄

結果與內容

只要讓對方擔任聚餐的負責人，
就能知道他是不是個能幹的人，
這招一定管用。

「提供附加價值」正面對決的第 3 年

079
追加邏輯
VS
一般邏輯

各位知道邏輯有 2 種嗎？

大家聽到「邏輯」兩個字，對它有什麼樣的印象呢？
我的感覺如下。

是一個爬上第一階再爬上第二階，逐漸往上爬樓梯的畫面。

有的人會聯想到梯子，可能也有人會聯想到很像算式的「如果 A ＝ B 且 B ＝ C，則 A ＝ C」，也就是類似「如果這個這樣且那個那樣，就會變成◎◎」的狀況，不過其實在商務上還有另一種邏輯，那就是**不同於「一般邏輯」，名為「追加邏輯」的概念。**

只要把追加邏輯學起來，不僅會非常方便，還可以學到很重要的教訓。

如果用剛才提到的樓梯畫面來形容追加邏輯，會像是在一開始時先決定好「第二階」的樓層，再從那往後看著第一階的地面往下走。

以商務上來說，就像先用直覺或任何方法決定「這裡，就是這裡！」再建構出會發展到那樣的邏輯，這種先問出來目標、訊息或結論，之後再以「追加」的方式建構邏輯的做法就叫做追加邏輯。

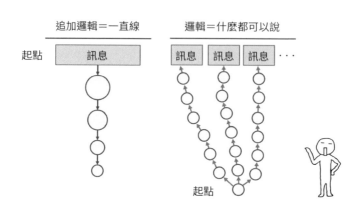

隨著工作經驗的累積，即使不知道好壞等詳細狀況，有時也會覺得「這樣比那樣好」，對此很有把握，這種時候不會再次使用「一般邏輯」往上重新堆積，而是常常會利用「追加邏輯」來準備說服用的手段。

等到你們追加邏輯的技術變好——

就能用一副像在說「我從零開始且不帶偏見地建構邏輯，結果就會變成那樣了！」的表情來進行發表。

想要在商務上贏得勝利，這會是非常重要的技術。

不過要是追加邏輯做得「不漂亮」，勢必會出現下方這樣的反擊。

你那是以答案為前提來思考吧？

倘若發展成這樣不但無法說服別人，還會反過來讓事情變得複雜，需要特別留意。

說到這個追加邏輯，如果你想要徹底掌握前面說明中出現過的假說思考或合理思考，你 MUST 要學會追加邏輯的思考模式。

假說思考當然可以是利用有限的情報所想出來的答案，也可以是透過類似直覺的解決手段創造出的答案，這時為了幫得出的答案做解釋，一定會需要用到「追加邏輯」。

另外合理思考是在了解與自己想的不一樣的結論時，用「有可能是發生了這樣的事才變成那樣，那我可以理解」的方式去思考，而「追加邏輯」正是這種思考模式的基礎。

對了，我還有另一個希望各位可以熟悉「追加邏輯」的理由，那就是——

為了讓你們深刻地體會到邏輯的脆弱性。

這世上有些人非常喜歡邏輯，那畢竟是個人的價值觀，倒也沒什麼問題，但當我們掌握「追加邏輯」後，想法會有所改變。例如針對「你能在 1 年之內升上藍帶嗎？」這個問題所做出的回答，如果是用追加邏輯來思考，不論是「當然可以」的邏輯還是「當然沒辦法」的邏輯，追加邏輯都能說得通。

就這個層面來說，請各位務必把追加邏輯視為第 2 種邏輯，讓它成為自己的夥伴。

當你理解邏輯的脆弱性後，
你的層級將更進一步地往上提升。

080

情感是國王，理論是家臣

VS

邏輯狂

你想被情感操弄嗎？
還是想要任由理論邏輯擺布？

我想先在這篇討論一下「邏輯」很脆弱的話題。

聽到我說邏輯很脆弱，大家一定會想提出「既然你說邏輯不穩定，那我們要相信什麼才好？」的反駁吧。

這裡我想請大家聽一句我一直信奉的格言。那就是——

情感是國王，理論是家臣。

人的「情感」無疑是國王，情感最重要，「理論」則接在情感之後，理論是第二重要，這就是這句話的意思。

其實這句話也和「邏輯的脆弱性」有關。

我舉個例子，你想強迫幹部做某項投資，這時「最喜歡邏輯且是一位擅長邏輯思考的邏輯狂」的你一個勁地提出「應該要投資這家公司！」的各種邏輯。

可是正在聽的幹部也注意到了一件事。

邏輯有其脆弱性。
那種東西也可以反過來推論吧？

面對這樣的情況，最後果然只能從「情感」下手了，如果你想要迫使幹部「投資下去吧！」你說服對方的內容開頭一定是像下方這樣。

我想讓那間公司成長，就算不是因為工作，我也非常喜歡那項服務，假如一定要我給出理由……

你應該要先明確地表達出「情感」，再用「理論」作為武器。

人無法只被理論説動。
當你全面展現出情感時，人會被你打動。

請各位絕對不要只相信邏輯，讓自己變得比三流還要差。

情感＝先表現出喜歡，
理論＝説明「為什麼？」，
這才是好的做法。

081

不要翻臉不認人

VS

翻臉不認人

這種事只要做過一次，
以後再也不會有人願意跟隨你。

　　我自己還是菜鳥成員時，就算會因為被經理之類的主管痛罵或斥責而感到生氣，也很少會冒出難搞的情緒，但是，就是這個但是，當我自己開始帶人後，內心湧現了各式各樣的情緒。

　　舉例來說，請大家想像以下的情景。

> 你和你底下的成員正在一起製作產出。
> 你們總共要做 5 張簡報，3 張你自己做，2 張由成員依照你的指示製作，然後你在與經理或 MD 的會議中用了成員製作的簡報後……
> 「這張簡報根本不能用，怎麼會做成這樣？」
> MD 開始生氣罵人。
> 你底下的成員低下了頭。

　　如果是你們，大家在這種時候會做出什麼樣的反應？

沉默以對：不行。
沉默以對，之後再請成員們吃飯：這麼做也不行。

事情演變成這樣的瞬間，你必須立刻回答：

「啊，那是我下的指示，抱歉。」

挺身而出與憤怒的 MD 對峙。這是身為領導者的第一步，你絕不可以「對成員翻臉不認人」，一定要**立刻**跳出來。

只要養成這樣的習慣，不論是多麼缺乏魅力又討人厭的傢伙，成員還是會願意跟隨他，所以請各位務必要讓自己訓練成反射動作。

以後不會有人願意
跟隨你喔。

人類既軟弱又愛護自己，
因此要是不從平日訓練起，
會不小心低下頭假裝沒事。

082

剛起步

VS

還很菜

接下來要聊看到標題也完全想像不到的內容。

　　各位看得懂標題想表達的意思嗎？表達方式會因為選擇的「詞彙」而完全不同，即使是一樣的涵義，使用的詞彙也會讓「重量」產生變化，從事顧問以外的工作也要意識到這一點。

　　從表面上來看，講究這種事情多少有點像在刻意讓自己「看起來比較聰明」，但我們這些「工作上著重語言表達的專業人士」——

需要展現出自己為了貼切地表達當下的想法，對於挑選詞彙有著非比尋常的堅持。

　　我先針對「剛起步 VS 還很菜」這個標題來進行說明。

　　「還很菜」完全是負面的表達方式吧？不過如果改用「剛起步」就成了補充「他才剛開始做這份工作！＝所以還很青澀也是理所當然的事」的表達方式，因此不論是想要正確地傳達訊息，還是想要打動別人，講究遣詞用字都是真正重要的關鍵。

　　我在這邊想做一個小測驗，可以判斷出大家過去在自己的人生中有多講究用詞，請問各位知道以下的表達方式是什麼意思嗎？

① 請自隗始
② 橋頭堡
③ 請詳細說明
④ 緊要關頭
⑤ 分水嶺
⑥ 白眉
⑦ 難以預測
⑧ 虛懷若谷
⑨ 了無新意
⑩ 伯樂

嗯嗯，我真的超喜歡這樣的用語。和我一樣喜歡這些的人，這裡整理了 300 個左右的用語，請各位到以下的網址觀看。

https://www.kanataw.com/consulting－words/

視野狹隘的人看到這些，可能會想說「你只是在用看起來很帥的顧問用語掩飾內容單薄的問題吧」，但這並不是我們要討論的議題。

要用什麼樣的詞彙才會能傳達自己的心情？我追求的是這個。

我純粹是在討論這個議題而已。

請大家也務必要對用字遣詞有所堅持。

想要加強思考能力，就要增加「詞彙量」，
這最終會是條捷徑。

083

爭論最棒

VS

順順利利

我的師父杉田先生說的話：
「假如會議順順利利地結束，
需要特別小心。」

我前面曾用不同的角度說明過與這篇相同的訊息，但因為這很重要，我準備再解釋一次。

與客戶的會議「順順利利」地結束時，大家是不是都覺得鬆了一口氣？

你很可能會對成員說「今天的會議開得很順利呢」，安心地笑著走出會議室吧？

這是非常大的錯誤。

我之所以會這麼說，是因為我之前也有提過，我們在面對的是

是不是搞錯了？

「沒有答案的遊戲」，不可能會「順順利利」地結束，也不可以「順順利利」地結束。

請各位重新回想一下挑戰「沒有答案的遊戲」的 3 個法則。

① 「過程要性感」＝
性感的過程得出的答案也會很性感。
② 「創造 2 個以上的選項並選擇」＝
透過選項間的比較，選擇「更好的」選項。
③ 「被批評和討論是附屬品」＝
討論是大前提，有時必須遭到批評才算是結束。

所以**會議「順順利利」地結束是需要注意的警報，一定要去思考是不是討論沒有安排好。**

這樣的會議不是可以放心使用的素材。

如果還是「順順利利」地結束，
結束後請立刻去找關鍵人物
安排「TULLY'S 面談」。

「提供附加價值」正面對決的第 3 年

084

客戶 ≠ 朋友

VS

客戶＝朋友

工作上真的會遇到
讓人不舒服或討厭的傢伙。

在客戶當中其實也有以下這種人。

極度讓人感到不舒服的傢伙。

更進一步地說，也會有這樣的主管。

這時要是在不知不覺中把那些人放到了與「朋友」相同的位置，你會產生「他為什麼要說那樣的話？」或「我不想和那個人相處！」的想法，不小心做出平常對待朋友的反應，沒錯，就是**情緒性的反應**，這樣毫無疑問是大錯特錯。

原因不用我說，因為**你沒有必要和客戶處得像朋友一樣好**，你們說到底不過是工作上的關係，所以不管對方是不是討人厭的傢伙，你都完全不需要因此而感到受傷。

當然如果有合得來的客戶，也是可以和對方變得要好。假如有討人厭的客戶對你發脾氣，請你告訴自己以下這句話。

我沒有要和他變成朋友，我想要得到期待的「結果」，所以我只是為此做出「行動」。

　　如果對方真的令人很不舒服，**不論你在內心是怎麼想的**，你只需要用「我一定要得到想要的東西！」的想法去採取行動即可。

　　只要學會這樣的思考模式，心情上會輕鬆很多。

乾杯～～

即使超級討厭對方也願意建立關係的才是專家。

> 光是用「我又沒有要成為對方的朋友」
> 來進行切割，
> 心情上就會變得超級輕鬆。

085
主管是把「Nice to have」意譯
VS
下屬是把「Nice to have」直譯

我在 BCG 第一次聽到「Nice to have」時
還不知道是什麼意思。

我進入 BCG 後常常聽到這句話。

「Nice to have.」

這句話是「不是必須，但有也不錯」的意思，在設計 TASK 時常會提到或聽到。

例如以下這樣的用法。

啊，對了，順道跟你說一下，你要是有時間可以做一下這個案例調查，或者該說是 Nice to have。

Nice to have 這句話實在是讓人不知道該怎麼解讀。

大家都是怎麼理解「Nice to have」這句話的呢？

從結論來說，Nice to have 的意思就像下方這樣。

- **成員＝聽的人的立場。**
直譯為「希望可以有！」所以無論如何都會做出來。

- **經理＝說的人的立場**
意譯為「有也不錯！」所以不需要也沒有要讓成員做。

　　「如果我想要多提供一點附加價值就要去做」的幹勁，或許是身為成員必備的心態，但當你的身分換成下指令的立場就不能這麼做。

　　工作中最容易讓人累積壓力的**不是為工作熬夜，而是做的工作是「做白工」**不是嗎？

　　經理當然也沒有要讓成員做白工的意思，不過要是在設計 TASK 時沒有想徹底，用 Nice to have 這句帶有魔力的話語派工作下去，會有很高的機率演變成以下的情況。

那項作業成果你到最後連看都沒看，而且你不只沒有看，甚至還會不小心惱羞成怒地說出「我不是說 Nice to have 了嗎？你給我好好去做主要的部分」。

這樣不但會讓成員累積壓力，還會讓他們失去對你的向心力。所以請各位要堅持把話說清楚。

啊，對了，順道跟你說一下，你要是有時間可以做一下這個案例調查，或者該說是 Nice to have，不對，Nice to have 就是不需要。

請各位鼓起勇氣說出來。

Nice to have	
意思	
①	「希望可以有」，所以要拚命做出來。
②	「有也不錯」，所以不需要也沒有讓成員做。

是哪個意思？
要做？
不要做？

與其說「Nice to have」，
不如改說「希望你努力去做」
或是「不需要做喔」。

086

科技公司

VS

科技

任誰都可以立刻學會
簡單地在工作上提供附加價值的方法。

「第 3 年」終於也快要來到尾聲了,還有一小段路,讓我們用這股衝勁跑完「完整的 3 年」吧。

這世上有一部分的人是「創業的天才」,他們創造出各式各樣的潮流,各位所熟悉的「DX」也是其中一種。

他們透過替以前就有的東西重新取名——

讓大企業的眾人被逼急了,
心想「我們公司也一定要做」。

這是慣用的手段,但**科技**不論是在過去、現在,還是未來都會是主題的核心,雖然不是每一年,不過總是會有新的關鍵字誕生,除了顧問之外,所有的商務人士都必須不斷學習,好讓自己跟上趨勢。

在這種時候呢,有件事大家出乎意料地會搞錯。

以「深度學習」為例，在學習這項科技時，**大多數的人通常會想要學習「那項科技本身」**。

這在最終結果來說當然是很重要，可是你就算去學那項科技本身，也只能獲得粗略的理解。

無法真正掌握那項科技到底厲害在哪裡。

科技相關的素養本來就有很多需要花上多年的時間學習，否則無法搞懂的內容，所以會只懂皮毛也是理所當然的事，如果不是像我很喜歡的其中一位師父「森亮先生（德勤的合夥人）」那樣，不但近 20 年在關注科技最前線時還會回去看原文的英文資料，有空時甚至會持續去參加研討會，不可能一下就融會貫通。

不過我也有自己做起來比較順手的方法，這是我和森先生一起處理專案時發現的。

那個方法就是——

不是要調查那項科技，而是調查 1000 家科技公司。

我那時活用了顧能公司的最酷供應商（Cool Vendor）報告，這個作戰真的很有效，因為可以從報告中看到**真正理解那項科技的創業家在經過不斷討論後，不但用會替公司加分的形式創造出服務，還因此賺到了錢的情形**。

順道說明一下，我的學習順序如下。

科技提供的服務→科技公司本身→科技本身。

有一位報名我「思考的引擎」講座的學生決定轉職到大企業的

新事業開發部，他來問我進公司前要做什麼準備比較好時，我給了他以下的建議。

我建議你依照自己的喜好調查 1000 家科技公司並做出統整，然後對它們熟悉到可以信手拈來會比較好。

他乖乖照做了，多虧這項準備，他進公司沒多久後就能說出這樣的發言：

「那和這家新創公司做的是一樣的事吧？」

他真正地創造出了自己擅長的領域，又或者該說是自己的歸屬。

即使學會了某項科技
也無法馬上派上用場，
但要是理解了科技公司提供的服務，
明天馬上有機會提到。

087

文組的因式分解

VS

理組的因式分解

使用像費米推論那樣的
「理組」的因式分解是初學者，
還有更高階的因式分解。

「邏輯」在擔任顧問的初期果然是國王，「費米推論」這樣的因式分解思考也是在正中央的位置。

舉例來說，假如要算出健身房的營業額：

健身房的營業額
＝總會員數÷平均每月利用次數×月會費×12 個月

像這種就是數學世界或數字世界的因式分解。

我用以下的名稱來稱呼它。

理組的因式分解。

我們要是停留在這樣的世界，會無法往前邁進。其實還有另一種必備的因式分解，那就是——

文組的因式分解。

比方說到身為一位顧問，不對，是身為一位商務人士不可或缺的能力或技術，就一定要提到**魅力**。

假設我要思考不只是菜鳥成員可以用，也能強化其他缺乏魅力的人的解決手段。

這時就可以用**「那我先把『魅力』因式分解看看吧」**的感覺，自然而然地開始做「文組的因式分解」。

文組的因式分解與理組的因式分解相比，更像是「沒有答案的遊戲」，所以答案當然不會只有一個，重點在於用簡單易懂的方式把此時此地討論的內容因式分解。

我們來看一下範例。

> **魅力＝[①物理上的強度]×[②拉近距離的方式]×**
> **　　　 [③拉近距離時的打擊力]**
> ①物理上的強度＝帥哥、美女、可愛
> ②拉近距離的方式＝物理上或精神上的距離
> ③拉近時的打擊力＝話語或行為

因式分解完後就可以針對「對『缺乏魅力的他』來說，這 3 個要素會在哪？」來進行討論了。

我們接著做進一步的因式分解吧。

魅力
＝[①物理上的強度]×[②拉近距離的方式]×
**　[③拉近距離時的打擊力]**
＝[①長相×體態×衣著品味]×
**　[②自己靠近別人的能力＋讓他人靠近的能力]×**
**　[③標準的理解能力＋造成偏離標準15度的能力]**

①指的當然包含了長相，但體型和服裝也和「魅力＝能受到他人喜
　愛嗎？」有關係。
②指的是雖然可以自己主動拉近距離，但有時「暴露自己的弱點」
　也能縮短人與人之間的距離。
③指的是話語和行為，簡單來說就是「是否能讓對方對你產生興
　趣？」這種時候不要一直談常識或大道理，而是得用「稍微」偏
　離標準的原創方式去互動。

分解到這個程度後，討論起來應該會比較方便，變得可以用「他缺乏魅力的原因可能是出在①的第 3 項『衣著品味』」這樣的方式進行對話。

即使是在工作層面，文組的因式分解也可以運用在很多不同的案子上，尤其是用來處理組織或文化變革的「軟案子」中特別常用到。

什麼是好的組織？什麼是人事制度？什麼是企業文化？這些問題只要用「文組的因式分解」來起頭，就能獲得讓人深入思考的線索。

等大家習慣從「費米推論」開始下手的理組的因式分解後，請務必也要挑戰看看文組的因式分解。

挑戰文組的因式分解！

運氣 ＝ 　　　　　　 × 　　　　　　

品味 ＝ 　　　　　　 × 　　　　　　

> 文組的因式分解比
> 理組的因式分解難度更高，
> 不過我希望大家都要學起來。

088

睡了之後再做

VS

做了之後再睡

所有的顧問都會遇到的
不是很大卻很重要的問題。

我要稍微聊個轉換氣氛的話題，我想大家一定有過以下的經驗。

你現在超級無敵想睡，雖然很想睡，可是手上還有必須在明天 9 點的內部會議開始前完成的工作。

這時的你最終會面對 2 個選擇。

睡了之後再做 VS 做了之後再睡。

我在 BCG 時兩個選項都有做過，有睡了之後再做成功的經驗，也有想要睡了之後再做，最後卻因為太在意而睡不著的經驗。

在反覆經歷過幾次後，我得出了屬於自己的解答。

假如是單純的工作就「做了之後再睡」。
假如是需要思考的工作就「睡了之後再做」。

更進一步地說，「睡了之後再做」有一個大前提，那就是不論任何狀況你都要起得來，再者要有「會叫你起來的人」，不管是打電話叫你起來，還是用物理的方式把你叫起來都可以，重要的是有會那麼做的人。

你當然也可以請家人幫忙，像我常常會去東新宿的「腳底按摩店」邊按摩邊睡，這樣對方一定會在指定的時間叫我起來。

關鍵在於——

要有隨時可以叫醒自己的機制。

有沒有準備好這樣的機制是重點。

我在 BCG 的最初 3 年真的都是在和「睡意」搏鬥。

那時的我都在對抗
「要是起不來該怎麼辦」的恐懼，
那時的我成就了今天的我。

　　　　　　　　　　　　「提供附加價值」正面對決的第 3 年

089

對深夜的委託感到興奮

VS

那樣情緒會很低落吧

身為一名商務人士或企業家，
請掌握重要的「商人思維」心態。

包含私人的事務，我一年大概會遇到 3 次以下的情況。

雖然不是做不到，但會讓人覺得「咦？竟然現在就要！」的要求。

工作上說到底還是「付錢的那一方」佔上風，「收錢的那一方」比較容易處於弱勢，有些客戶也會用「付錢的是老大」的態度對待顧問，因此顧問勢必會遇到過分的要求。

「我們明天早上的會議想要用，可以請你修改這個部分和那個部分嗎？」晚上 11 點時我收到了這樣的信。

客戶嘴上說「可以請你幫忙嗎？」心裡想的卻是你 100%「一定會做」，以及認為你「當然會做」，這種時候你就算身為一名專業人士，也知道這是你應該做的，還是會用低落的情緒去執行吧？

有時也有可能遇上你正好要去喝酒，或者是跟人家有約的情況，

我懂你的心情，但這種時候我希望你能先深呼吸，再接著用下面的方式思考。

只要工作 30 分鐘或 1 小時，就能讓這個客戶欠下一份人情，即使算不上人情，如果能讓客戶覺得「顧問願意聽我無理的要求」也是很划算。

打從一開始就用堅定的心態去執行，認為「客戶提出要求，我當然要去做！」的人用不到這招，但我們畢竟是人類，不可能每次都能保持堅定的心態，要是內心感到煩躁，或許會不小心說出「為什麼要挑這種時間提？做不到！」之類的話。

為了避免事情演變成這樣，我希望大家能掌握刺激「計算得失」的思考路徑，它的名稱也叫做 **「商人思維」**。比方當你在家放鬆休息卻被前輩叫出去，或者是主管問說「你週末可以完成這項工作嗎？」交辦事項給你時，我希望你可以在負面情緒冒出來前先啟動商人思維，用像是在算計對方的方式去思考。

如果能讓對方欠我一次，或者是能夠賣個人情給對方，這根本小事一件！

這麼做就能避免自己爆出負面發言，再說既然遇到的大多是「反正都得做」的場面，用愉快又興奮的心情做出來的成果品質絕對會比較高。請大家務必也要為自己打造稍微會算計人的一面。

「商人思維」是每個人都不擅長的思考過程，
但它超級無敵重要，所以請慢慢地去習慣運用它。

090

前 3%

VS

公司名稱

你要是有空去在意公司的名稱，
不如讓自己成為同期同事中的前 3%。

　　拚命努力時明明什麼都聽不到，然而當你以一名顧問和商務人士的身分獨立，開始整合顧問的思考邏輯和做事方法時，卻會聽見很多噪音，其中包含了最好盡量在早期處理掉的噪音。

　　那就是——

　　我在顧問中也不是「策略顧問」。

　　或者是

　　我不是在大企業工作，而是中小企業。

　　這些開始在意起自己的公司名稱或品牌的想法。

　　我收到這種問題的頻率就如同「一年到頭」字面上的意思，每次我都會在內心發出以下的吶喊。

成為前 3% 吧！
不管在哪間公司，「前 3%」都是強者。

其中也有廢物提出「要怎麼測出自己是不是在前面？」這類的問題，每次我都會說「等你變成前 3%，你自然會知道」。

我懂他們的心情，可是因為區區公司名稱而「氣餒」是最沒有生產力的行為，讓我們用壓倒性的努力，在今年的前 3 年和後 3 年加起來共 7 年的時間內擠進前 3% 吧，只要思考怎麼做到這件事就好。

不論是什麼樣的公司，就算組織的金字塔形狀和大小會有所差異，高低分布是不會變的。

所以人生根本沒有空氣餒。

不論是聯誼還是工作，
光是在群體最上面的 3%
就會有好事發生。

091

這是你的個人喜好吧

VS

我明白了，我會再做修正

因為是「沒有答案的遊戲」，
要能說得出這句話才算是獨當一面。

以前我一被主管或經理糾正，就會連理由都不問，立刻說出以下這句話。

抱歉！
我會再做修正！

「抱歉」這兩個字會自然地脫口而出。

老實說在開始工作的最初「3 年內」，我一直覺得這樣回答就可以了。

畢竟——

我才剛成為一位商務人士。
我還是商務人士中的菜鳥。

不過完整的 3 年即將過去，我也見識過很多事，我想也到了不能再不問理由直接說「抱歉」的時期。

其實你要是能在被糾正時說出下方這句話，就可以誇獎自己「你成長了！」。

這是你的個人喜好吧。

就是這一句。

這句尤其在簡報和文章上特別好用，當你能在收到主管要你改動某些地方的指示時說出這句話，可以說你已經完全獨立了。

這是你的個人喜好吧。
因為你是國王陛下，我當然會再做修正。

請各位務必要嘗試用這樣的方式把話說出口。

依照指示修正是 2 流，
能説出「這是你的個人喜好吧」是 1.5 流，
如果無視也能被誇獎就是 1 流。

「提供附加價值」正面對決的第 3 年

092

解決手段

VS

對策

VS

解答

區分詞彙的使用方式，也能讓人思考得更深入。

　　嘗試區分慣用詞彙的使用方式，不僅可以增加詞彙量，同時也能提升思考能力。

　　舉例來說，大家知道要怎麼區分下方 3 個詞彙的使用方式嗎？

解決手段
解答
對策

　　我會說明我的區分方式，不過比起「怎麼區分使用方式很重要」，我其實更希望大家從「區分使用方式這件事本身很性感」的角度來看待這件事。

◎解決手段

由於是「手」段，像是打棒球就要用手拿球棒來打，要是沒有球＝沒有東西可以打，會很難用到這個詞彙，因此只能用在提到「應對方法」這類連同課題或連同造成原因一起討論解決手段的情況，還有談及採用那個應對方法的原因時。

◎解答（ソリューション）

光是直接把英文變成片假名，語意也會有所改變。

解答可以傳達出不是「從無到有」，而是「早已存在」的感覺。

◎對策

對策是中性的，沒有特殊含義，遇到不好用解決手段來形容，也不適合用解答這個詞彙時就能直接拿來使用。

總結來說，請大家也務必要嘗試區分各種詞彙的使用方式。

這時「對策」會是最好的選擇。

> 如果想要鍛鍊思考能力，
> 就去增加「詞彙」吧（第 2 次提到），
> 思考即是組織詞彙。

　　　　　　　　　「提供附加價值」正面對決的第 3 年

093
整理資料
VS
分析的精準度

要靠「精準的」分析讓團隊或客戶
發出驚嘆不是那麼容易的事。

顧問愛用的資料之一是使用 Excel 做的量化分析。

利用量化分析提供價值真的會讓人心情舒暢,當你用 Excel 做完有 2 個座標軸的散布圖,接著看到的人對你說出:

「真假!這樣假說就被驗證了,這張圖表可以做成關鍵簡報!」

那確實是很爽快的一件事。

可是你的資歷才僅僅 3 年,不太有辦法做出能夠引領專案走向成功的分析,話雖如此,等著經理設定座標軸給你也很悶,還會被質疑你在團隊中的存在意義。

這種時候大家應該要在**整理資料**上下功夫,而不是執著於精準分析或設定座標軸。

把從客戶那收到的「混亂的」資料整理成可以用的資源。

各位要做的就是這件事。

代表性的案例如下。

依照名稱分類。

除了名字是全形還是半形外，包含那些連寫法都不同的資料，都需要透過目視檢查等方式來找出多筆資料間的關聯性。想要有好的產出，就非常需要優秀的「輸入」，這也和整理資料息息相關。

為了做出優秀的分析，得先把資料整理整齊才行。

反過來說，你只需要和客戶進行以下討論，就能輕鬆地提供附加價值。

雖然只要有人願意花時間費點功夫就能做得到，但你們有沒有即使用了 Excel 的函數還是沒辦法馬上拿來用，卻很想要看的資料？

總歸一句就是
「輸入和素材是關鍵」，
讓我們重新認識製作素材的重要性。

094

稀少性

VS

高價

各位收到什麼樣的伴手禮會覺得高興？

顧問生涯快到「第 3 年」的尾聲時，你開始可以參加目的是和客戶邊吃晚餐邊拉近距離，外加會吃下過多超好吃食物的活動。

聚餐。

沒錯，就是叫做這個名字的活動。
聚餐時，主管常會交代菜鳥成員去做以下這件事。

請你去買要送給客戶的伴手禮。

如果你的職位夠高，會有秘書去幫你處理，然而你現在才做到「第 3 年」，只能自己去買，這種時候我希望你能學會關於「稀少性 VS 高價」的思考模式。

伴手禮說到底是一種「賄絡」，因此要是選了高價的商品，會變成帶有其他的含意，可是如果改走「一點小東西」的路線，也不能真的送一些對方不會需要的東西。這時最好的選擇就是——

儘管價格不貴，卻需要花費心力才能買到的商品。

比方網路上搶得快的人才能買到的起司蛋糕，或是收到的人會說「這個最近很流行耶，你居然能買得到」的商品，假如你有足夠的時間時，請以上述的類型為目標。

反之，當你沒有時間準備時，我推薦下方這項伴手禮。

葡萄酒。

葡萄酒中雖然有很多都是「具備稀少性且昂貴」的品項，但也有「具備稀少性卻便宜」的選擇，原因在於**稀少性＝故事**。

我舉個例子，要是那瓶葡萄酒的背後有著「酒莊主人在 2000 年時為了紀念 100 週年，用這款酒標推出了限量 100 瓶葡萄酒」的故事，就很適合說給客戶聽，是個不錯的選擇。

要買小禮物送人時我也很推薦送葡萄酒。

拉斯卡斯堡（Château Léoville Las Cases）48,500 圓（紅葡萄酒）

瑪歌堡白亭（Pavillon Blanc du Château Margaux）55,000 圓（白葡萄酒）

反正貴的葡萄酒無論如何都會很好喝。

我們要把思考「送什麼對方才會高興？」的
「思考時間」當作禮物送出去，
希望各位能記住這個感覺。

095

飽和

VS

完成了

「飽和了」的意思是？這一定是顧問用語！

　　有個詞彙你一看到它，就會很想說出「這一定是顧問用語！」這句話，它混和了英語和日語令人看了很不舒服，但它要表達的卻是在思考事物時非常重要的感覺。

飽和（サチる）。

　　各位知道「飽和」是什麼意思嗎？正解如下。

サチる＝ Saturation する＝到達飽和。也就是「對事物的想法已進化到達飽和，沒辦法再進化的狀態」。

　　很驚訝吧？我進 BCG 沒多久就聽到了這樣的表達方式，那時的我很震驚，沒想到那句話是「到達飽和」的意思！

　　這樣的造詞法雖然會讓我產生「咦？真的可以這樣用嗎？」的想法，但飽和的感覺確實很重要。

　　然後這個詞彙的表達方式在定義上其實還有其他的意涵。

它還包含了**「必須在飽和後再增加輸入」**的意思，以食鹽水來比喻，就像是飽和後再加水那樣。

　　沒錯，不是飽和後事情就結束了，而是帶有**「接下來還有很大的進步空間」**的含意。

　　不管是假說還是任何想法，在你徹底思考過後都不要認定「沒辦法再進化了！完成了！」就闖過終點線並結束工作，而是要用以下的方式來看待。

飽和了！
既然這樣，我要再去找新的輸入！

　　不要稍微「飽和」就停止思考。

　　就像上面這句形容的精神，這個詞彙滿載著顧問的尊嚴。

　　請各位也務必要在絞盡腦汁後嘗試採取這樣的態度。

　　飽和後才是決勝關鍵。

完成了！不過接下來還
有很大的進步空間！

與其說什麼「飽
和」，那樣的說
法還比較好。

> 比起「飽和」這個詞彙，
> 更重要的是請你提升對
> 「咦？輸入不夠」的敏感度。

096

成長是自己的責任

VS

公司要負責讓我成長

現在回想起來，我剛畢業時進入的
NTT DATA 太過保護員工了。

我進到 BCG 工作時，第一句聽到的就是這句話。

成長是自己的責任。

我記得那是我成為顧問的第 1 天，因此我當時完全不了解這句話的意思。

我還在做第一份工作，也就是在 NTT DATA 工作時，確實隱約覺得**公司要負責讓我成長**。

公司會準備讓我成長的工作，也會準備訓練課程和導師，我會自然而然地成長且可以往上晉升。

我以前是用這樣的方式來看待成長。

「成長是自己的責任」這句話乍看之下很嚴肅，但它同時也蘊

含了以下的意義。

你可以憑自己的意願選擇具有挑戰性的工作。

舉例來說，假設你不擅長分析，你可以刻意要求加入「重分析的案子」。

你不但可以憑自己的意願參加訓練課程，還可以拜託周遭「擅長的人」，請他們幫你開設「私人的」訓練課程。

如果你不擅長分析，可以去找「擅長分析的前輩」，就算前輩突然開始幫你上深夜的 Excel 講座也不是什麼稀奇的事。

此外像導師這類的師父，你也可以自行去尋找並靠自己拉近與對方的距離。

我那時只要有時間，就會去我最喜歡的 MD 加藤先生的個人辦公室找他玩，跟他說「請讓我幫你處理工作的事」等等，用盡各種理由纏著他。

你要是真的成長了，或者是成長後開始能夠根據不同的客戶提供價值，那全都是因為有旁人願意協助你的環境，而成長的起點全在於「你自己」，這就是我對下方這句話的理解。

成長是自己的責任。

這個道理不只適用於顧問，在一般企業工作的人也可以學習，假如在同部門裡有優秀的前輩，你只要主動靠近並請對方教你就可以了，就算是要跨部門請教，應該也不會有問題。在顧問公司「成長是自己的責任」雖然往往是強制的觀念，但你要是在一般企業也能抱持著這樣的心態，百分之百會為你帶來「爆炸性的成長外加把其他人遠遠地拋在後頭」。

當有越來越多企業走向
「不讓員工過度工作＝良心企業化」，
成長將會變成自己的責任。

097

有趣
VS
正確

有趣的「哥哥」和正確的「弟弟」，
各位喜歡哪一個？

　　思考事物時，或者該說當你想要創造什麼時，請記住有 2 個相反的方向性。

　　有趣 VS 正確。

　　沒錯，看你是要以「有趣」為目標，還是以「正確」為目標。

　　這是也是 BCG 和麥肯錫的差異（我個人的解釋），也可以說是「去 BCG 的我（哥哥）」和「去麥肯錫的弟弟」的差異。

　　不用我說，麥肯錫創辦了「世界上第一個」顧問公司，也就是所謂的 NO.1 公司，因此就如同「班上最漂亮的美女會和班上最帥氣的帥哥交往」一樣，他們的顧客大多是業界 NO.1 的客戶。

　　為業界 NO.1 的客戶制定戰略的方向很簡單，也不需要在意其他的公司。

王者的戰略＝
徹底追求「我們要做什麼才是正確的選擇？」。

　　　　　　　　　　「提供附加價值」正面對決的第 3 年

　假如是汽車業界的第一名，就只要全力生產目錄上的車子就好，不需要標新立異。

　另一方面，BCG 不是以第一名，而是以第二名的顧問公司身分成為企業公民的公司，所以客戶當然多半不是業界 NO.1，而是 NO.2 或 NO.3。

　在替 NO.2 或 NO.3 的客戶制定戰略的方向很簡單。

第二名或弱者的戰略＝
徹底追求「要怎麼做才會讓王者覺得討厭？」。

　換句話說就是在戰略上持續追求「稍微脫離常識」的有趣，不需要追求正確。

　我的弟弟從小就是菁英且擔任二壘手，他自然選擇了麥肯錫，至於速度很快且總是擔任三壘手的我因為身為哥哥會在意弟弟而選擇了 BCG，真的就像我前面說的一樣。

當然我也希望大家不論是人生還是工作，又或者是其他小事上，每次都能在決定好自己要追求哪一樣來贏得勝利後再採取行動。

追求有趣？ VS 追求正確？

我永遠都會選擇追求「有趣」。

我最討厭菁英了，我就是為了打倒菁英才會開設「思考的引擎」的講座，還寫了很多的書。

請各位也一定要戰勝菁英。

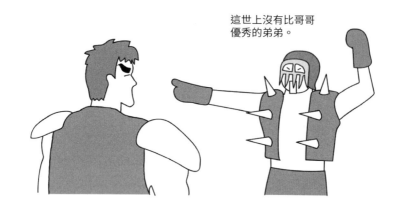

世界不斷變化的過程中，
比起正確更需要的是
有趣！獨創性！不同的角度！

　　　　　　　　　「提供附加價值」正面對決的第 3 年

098

運氣

VS

品味

VS

健康

VS

聰明

不只涵蓋顧問或工作的領域，
這才是人生的本質。

　　距離顧問生涯的「第 3 年」結束還有 2 篇，我想要大幅拉高各位看事情的角度。

　　各位覺得「運氣」、「品味」、「健康」、「聰明」這 4 項在人生中的重要順序為何？

　　可能有的人會覺得我既然都寫了這本書，應該是認為「聰明」最重要，但其實不是，我是懷抱著下方這樣的想法在過人生。

要是有「運氣」，人生 100% 會成功。
要是有「品味」，人生 75% 會成功。
要是有「健康」，人生 50% 會成功。
要是有「聰明」，人生 25% 會成功。

意即我認為這 4 項在人生中的重要順序是「運氣」、「品味」、「健康」、「聰明」。

不過很難根據重要順序來鍛鍊這 4 項也是事實。

提升運氣的方法只有靈性老師才知道，提升品味的方法也是個問題，說起來品味是可以靠「後天」磨練的嗎？打造健康的身體或許會比上面 2 項來得容易達成，但仔細思考下來，會讓人產生以下的想法吧？

你不覺得讓自己變聰明超輕鬆的嗎？

所以至少要把「聰明」加強到最高成功機率的「25%」，我認為這是凡人最強的人生成功戰略。

要是有「運氣」，
人生 100% 會成功。

要是有「品味」，
人生 75% 會成功。

要是有「健康」，
人生 50% 會成功。

要是有「聰明」，
人生 25% 會成功。

提升「頭腦聰明度」
是最輕鬆的做法。

這就是為什麼包含本書的內容在內，我會把從各式各樣角度「磨練使用頭腦的方式，讓它變性感」當作事業經營。

　　請大家務必也要細細品味這樣的思考方式。

我對「健康」的印象
與其說健康是「生或死」，
不如說健康是「充滿活力且體力充沛」。

099

只是工作做得不好

VS

工作很無聊

各位應該不會感嘆
「工作很無聊」吧？

　　大家不論是在自己的周遭，還是職場的上下關係中，又或者是搭電車時，都很常可以看到以下這種人。

覺得工作很無聊的人。

　　這世界上真的很多這樣的人，真的超級無敵多。
　　如果你問對方「為什麼會覺得工作無聊？」幾乎所有人都會給出下方的回答。

因為我現在從事的工作本身很無聊。

　　他現在從事的工作本身很無聊。
　　所以準備轉職到更有趣的工作。

很多人都會說出這樣的話。可是事實真的是這樣嗎？

假如他工作做得超好，好到旁人都會對他說「好厲害，你怎麼有辦法做出那麼好的成果！！！下次也教教我！」之類的話，他會是什麼樣的感覺？我想他一定**不會擺出一副覺得工作很無聊的樣子**吧？

簡單來說，我希望各位能克服這個 VS。

工作做得太爛所以覺得無聊
VS
工作本身無趣所以覺得無聊

我希望你們燃起心中積極的能量，相信**「只要把工作做得好就能解決這個問題！」**為此我寫了這本書。

因為你們看完不僅絕對會變聰明，也會變得能把工作做得好，這樣一來你們工作起來絕對會變得開心！

各位，讓我們一起健全且仔細地學習吧。

「第 3 年」到此也邁入尾聲。

我想在這邊替這場名稱同時也是本書標題的講座──

BCG 思考入門課

畫下句點。

起立！立正！敬禮！
謝謝大家！

4

「產出多一位數的價值」

挑戰當一名經理的
第 4 年

回顧過去，這「3 年」真是充滿了各式各樣的回憶。

> 「無法再經歷一次」被鞭策的第 1 年
> 「驕傲自負」⇔「信心受挫」來回反覆的第 2 年
> 「提供附加價值」正面對決的第 3 年

沒有喘息的時間，「第 4 年」馬上要接著開始，新的「挑戰」
正在等著我們。

在「第 4 年」我當然也有很多想要告訴大家的「VS」，雖然還
有很多，但我這次打算大幅縮小範圍，只介紹「5 個」給大家。

不過我要認真地說，真的還有一大堆沒有刊登在本書的「VS」。

非常非常多。

形形色色。

比方像下方這樣的「VS」。

> 智識的領導能力 VS 一般的領導能力
> 被從下方往上頂 VS 往上方頂
> MD 這種麻煩的生物 VS MD 是任期頂端的職位
> 第一通電話 VS 候補
> 偉大的輸入 VS 用釘書機裝訂
> 指揮家 VS 演奏家

諸如此類。

當你視「形形色色」的挑戰為理所當然時，你已經是一名經理了。

那麼，作為本書收尾的「第 4 年」，我想要稍微談一下顧問公
司內最難跨越的高牆＝成為經理的挑戰！

100

把「結構」交給對方

VS

強行「結構」

順著這股衝勁，
稍微過一下「第 4 年」。

顧問的人生不會停滯不前。

因此請讓我稍微傳授一些在「第 4 年」學到的事，主題再次來到了「結構化」，理由是——

這個世界變得太過「結構化 is king」了，結構化明明是沒穿衣服的國王。

就如我在 014 針對「『不過是』結構化 VS『不能小看』結構化」做出的說明，結構化不過是負責說明的角色，而且在使用時有另一個需要大家更進一步意識到的事。

當我們在「盯著想要結構化的事物，思考要怎麼做才能把它正確地結構化」時，很容易偏向選擇**「自己感覺舒服的結構化」**，這是很大的陷阱，而且幾乎所有人都會掉入這個陷阱。

各位都已經邁入「第4年」了，當然沒有閒功夫掉入那樣的陷阱，你們必須要讓自己往更高的目標邁進。

對看的人或聽的人來說感覺舒服的內容＝留意與此有關且已經成立的結構，再來進行結構化。

這才是正確的做法。

我舉個例子，假設客戶正在思考與自家事業有關的內容，到目前為止討論的內容經常會用「人、物、錢」的結構來描述，就算你接下來要說明的事情適用於「既有事業和新事業」，也應該要留意對客戶來說感覺舒服的結構並做出統整。

比方當我們提出「你的興趣是什麼？」的問題，有喜歡戶外活動的人，也有喜歡室內活動的人，「花錢或不花錢」也是因人而異，因此我希望各位能刻意去理解，然後把這些資訊納入考量的範圍。

「結構化」非常奧妙吧？

其實這本書我並沒有刻意把它結構化。

在透過書籍學習結構化時，**讀者會邊閱讀邊連結到自己腦中已有的知識或經驗，將學到的東西吸收進既有且自己感覺舒服的「結構」中**，老實說這樣反而學習得比較快，我希望讀者能在深入閱讀的同時，連結到「這句是之前經理跟我說過的話」，或者是「這個之前在其他書裡有用另一種方式提到過」等資訊。

沒有比強行結構化更麻煩的事了。

「第4年」要挑戰成為一名經理，
我很想講到33個VS，
但這次範圍縮小到了5個！

101

場內全壘打

VS

全壘打

全壘打和場內全壘打
之間的「差別」是什麼？

本書在「第 2 年」時提到了下方的主題。
一點豪華主義 VS 全部平均地稍微提升。

當有人拜託我們去做某件事時，不要打出全部平均略微提升的二壘安打，而是要打出一支全壘打，其餘的部分打出一壘安打即可，有時甚至被三振也沒關係，我曾說過這才是在「沒有答案的遊戲」中讓討論進行下去的正確做法！

其實這麼做有一個前提，是你在完成任何項目前都該意識到的問題。

那就是──

我在產出的過程中是否有做到「鍥而不捨」？

如果以顧問的工作來舉例，有沒有鍥而不捨地做到以下這些努力非常重要。

- 用目視檢查來整理資料並進行分析
- 站在店前面一整天，向客人搭話並進行訪談
- 訂購海外的當地報紙 3 個月份來分析廣告欄

你居然做到了這個地步？
那是當然！

對那些身在沒有答案的遊戲中，也就是必須在不知道未來會如何的狀況下做出重大決定的人來說，你的「鍥而不捨」代表你先前走過的階段「充滿辛苦汗水」，這絕對能帶來最大的信任感。

就這層意義上，不要像全壘打那樣「優雅地走」回本壘，而是要像「場內全壘打」那樣「拚了命地奔跑」回去才是最好的選擇。

你都做到這個份上了，我也會下定決心。

讓對方這麼想是很重要的一件事，當你意識到這一點，TASK 設計也會做得更好。

世人或許有著「顧問都不用流汗，只需要出一張嘴」的印象，但事實絕非如此，為了拿出無與倫比的產出，我們可是什麼都願意做。

「鍥而不捨」能夠帶來
比性感的分析和簡報
更大的影響力。

102

賣「自己」
VS
賣「資料包（Package）」

本書的第 3 個進化論＝顧問的「商品」進化論。

顧問很容易會把資料＝資料包（Package）當作自己的商品，我其實也有過這樣的問題，畢竟顧問的生活就是不斷地用到 PowerPoint，自然會有那樣的想法，在處理客戶諮詢的專案或案子時，顧問有時也會不小心把每週一次的會議、每個月一次的指導委員會及最終報告的「資料、資料包（Package）」當作自己的「商品」。

既然顧問生涯已經邁入「第 4 年」，當然要開始把「更高階」的東西當作「商品」，不對，是非得這麼做不可。

在最初的階段，你會把包含「打雜」在內的勞動，也就是「代辦」當作商品，那些工作通常連客戶的員工也辦得到，但因為人手不足才會提出「顧問，拜託你了」的委託（如果是以製作 PowerPoint 為主的工作，就會讓你看起來像是「高級鋼筆」）。

等到超出這個領域範圍後，換成你以顧問身分對客戶提出的「問題或議題」統整出「解答」的資料——資料包（Package）變成商品。

之後你的等級如果再稍微提高一點，這次就換透過那份資料進行

的「討論」變為商品，要是你大幅提高等級，商品就會變成以下的內容。

客戶不再是起點，而是你作為起點提出「客戶現在應該要解決的問題是什麼？」。

這時無疑是「議題」變成了商品。

好了，這個「商品」的進化過程最終理應要抵達的領域如下。

你「自己」是商品。

你除了智識之外，包含人生哲學等都獲得了客戶的認同，與客戶變成「既然你都這麼說了，那就這麼做」的關係。

由於這很重要，我們來統整一下吧。

「代辦」→「資料」→「討論」→「議題」→「自己」，請記得你之所以經歷所有顧問「商品」的進化過程，外加提升自己的顧問能力，最終要抵達的目的地都是「自己」！

我把以上過程命名為——

顧問的「商品」進化論！

進化的過程中不可以越級，就算做得到也會變成在賣內在空洞的「自己」，很快就會被看破手腳。請各位一步一腳印地進化。

顧問的「商品」進化論與顧問的成長階段息息相關，
因此也可以把它視為其中一個方針。

103

經理
VS
管理者的角色

人生就是「做了才知道」。

雖然很突然，但——

經理和「管理者的角色」完全是不一樣的東西。

既然管理者的角色有「角色」這兩個字，代表他不需要扛起專案所有的責任，如果用前面提到的顧問的「商品」進化論來舉例，管理者的角色只有做到「代辦」→「資料」，就算要再做得更多，頂多也只能做到「討論」，後續的內容將會由 MD 或經理來負責。

管理者的角色＝「資料」的經理。

說穿了大概是這種感覺。

但反過來說，要是做不好前面那些事也不會有後續，所以我希望各位一定要做好管理者的角色，然後每天不斷地成長，期待自己未來有一天會成為「掌管專案一切的經理」。

像這樣的事情只要稍微拉高視角，就會發現一般企業也有同樣

的狀況。

　　人們往往容易產生以下的想法。

如果是那位經理在做的事，我也做得來。

像那種什麼都不用做的代理科長，我也可以當吧！

　　其實我在 NTT DATA 工作時也會這麼想。

　　可是事情當然不是你想的那樣。

　　單純只是你看事情的視野太狹隘，導致你看不見罷了。

為了加快你的成長速度，請你觀察主管或經理在「看得見的地方和看不見的地方」都做了哪些事？

　　你是否能留意上方的問題並學到東西是決定性的關鍵。

　　請大家務必超越管理者的角色，挑戰成為一名經理吧。

處長私底下居然會捐款！

捐款箱

經理和管理者的角色不論是
壓力或煩惱的大小都完全不同，
所以請對經理好一點喔！

104

以前的美好時代

VS

新世代

最近的年輕人真是讓人受不了。
在顧問業，不對，是在企業界正在發生的事。

以下這句話不論在哪個時代都會被提起。

「還是以前好啊，尤其是我年輕時的時代。」

我知道、我知道，我以前也是一直聽到這句話，當然我聽到時也有很多想說的話，不過這就像是所謂的輪迴一樣，被說的人總有一天會變成「說的人」。

在這個過程中，我希望各位一定要意識到一件事。

那就是——

社會上「過度保護（≒良心企業化）」越來越普及，
你多少也被奪走了「成長的機會」。

現今社會整體來說都已經良心企業化＝可以「健全地」工作，

我覺得這個改變本身是件好事。

像我「最初的 3 年」，不僅從早上 7 點工作到凌晨 4 點是理所當然的事，甚至連週末也要工作，這些在那個時代都是常態，不論是公司還是社會上都不會有人說什麼，可是現在不一樣了，我想未來整體企業良心化的趨勢應該會變得更加明顯吧。

換句話說，未來將會變成下方這樣。

> 社會上「過度保護（≒良心企業化）」越來越普及。
> 於是你的「成長機會」被奪走。
> 因此來到了必須靠「個人意願」爭取機會的時代。

這是一個主管或上面的人死都不能說出「你週末也給我工作」的時代，所以你要自己有「我想快點成長！」、「我比任何人都想晉升！」的意願，主動積極地燃起高昂的鬥志和上面的人溝通並獲得工作才行，這其實不是件容易的事。

而且前提是你的周圍應該有很多覺得「不用工作很幸運」的人，當你個人在那樣的群體中積極地行動，很可能會被人用「咦？你為什麼要那麼努力？」的方式拖後腿，包含給你工作的人要是因為你一句「請給我工作」就安排工作，之後都有可能要承擔被別人說「硬是逼人工作」的風險，因此對方肯定會感到猶豫。

如果你打算突破這面牆壁，實際上能採取的只有以下做法。

自己咬牙忍耐＋與「上面的人」拉近距離。

就算前者做得到，後者也有難度，因為與上面的人拉近距離這點，必須進展到對方在某種層面上把你視為「弟子」才有可能派工作給你。

不過相反的，我們也可以說這是**一個能輕易和同期同事或周遭**

的人拉開「**差距**」的時代＝很棒的時代。

目前可以確定的是，這個時代已經變得比從前來得注重「成長是自己的責任」，在一般企業更是如此，越大的企業越會走向良心企業化，這樣的現象在未來將會變得更為廣泛，如此一來不只週末不能工作，動不動就要求「請所有人在晚上 6 點回家」的情況也有可能會發生。

到時你會往哪一邊靠攏呢？
是感受到「成長機會被奪走」的危機感？還是覺得「工作提早結束好幸運！」呢？另外，對現在才當上經理的人來說，應該會有以下的想法吧？

喂喂，我們過去被逼著熬夜熬成那樣，結果我們當上經理後竟然不能叫成員熬夜！

甚至經理最後會自己代替成員把工作做完！
不過經理得提供的「附加價值」從以前到現在都還是一樣，也就是說來到了對經理的「工作能力」和「技術」要求更高的時代，尤其是「技術」，經理要是少了技術不只工作會一團亂，還有可能無法健全地完成工作。
這就是為什麼我要透過這本《BCG 思考入門課》傳授各式各樣的技術給各位，我可以很有自信地斷言，本書裡寫得滿滿的全都是**要讓你們能在未來的時代生存下去的重要內容**。
不僅是這樣。
更深奧的是「顧問在第 4 ～ 6 年學到的事」，也就是──

顧問在「經理時代」學到的事。

我總有一天絕對要來寫。
我一定會寫出來的。
各位敬請期待。

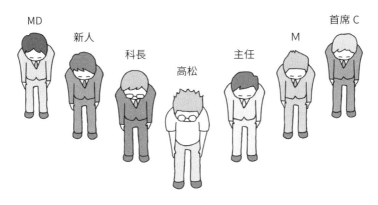

顧問在最初 3 年學到的事

＋

第 4 年

各位，辛苦你們了。

來吧，仔細背下 104 個技術，
從明天開始「用盡全力」
且健全地實踐它們吧！

後記

在撰寫這本《BCG 思考入門課》時，我挑戰了一件事。

> 我要讓這個社會上的企業界、顧問業給予本書以下的評價。
>
> ## 讀了這本書 VS 沒有讀這本書
> 做出的成果會有很大的差異！

可能已經有很多人都注意到了，我的著作：

《費米推論的技術》＝黃皮書。

《從「費米推論」開始的解決問題技術》＝粉皮書。

然後這次是——

《BCG 思考入門課》＝綠皮書。

我注意到我愛的 BCG 企業識別色是綠色，所以選擇了「綠色」作為本書封面的基底色，撰寫本書讓我回想起了在 BCG 工作的回憶，我真的很開心。

寫著寫著，曾經被我遺忘在某個角落的心情＝「重新回去當顧問，提供更高階的附加價值」的念頭彷彿又浮現了。我要再說一次，各位購買本書並閱讀，我真的非常高興。

我的工作生涯，不對，我的人生是在挑戰並超越以下這個「VS」。

思考能力和工作方式是「技術」（後天的）
VS
「才華」（先天的）

　　大家往後要是在其他地方看到有我名字的書，希望各位可以再拿起來閱讀。

　　真的非常感謝你們讀到最後。
　　各位如果在某處見到我本人，請跟我打聲招呼吧。

國家圖書館出版品預行編目資料

BCG 思考入門課：入職 3 年，勝過別人 10 種思維方式 / 高松智史著；陳靖涵譯 . -- 初版 .
-- 臺北市：平安文化，2023.12　面；　公分 . -- (平安叢書；第 779 種)(邁向成功；93)
譯自：コンサルが「最初の 3 年間」で学ぶコト
ISBN 978-626-7397-06-0（平裝）

1.CST: 思考 2.CST: 思維方法 3.CST: 策略管理

494.1   112019073

平安叢書第 779 種

邁向成功 93
BCG 思考入門課
入職 3 年‧勝過別人 10 年的 99 種思維方式
コンサルが「最初の 3 年間」で学ぶコト

2023 KONSARU GA SAISHO NO 3 NEN KAN DE
MANABU KOTO BY SATOSHI TAKAMATSU
Copyright © 2023 SATOSHI TAKAMATSU
Original Japanese edition published by Socym Co., Ltd.
All rights reserved.
This Traditional Chinese edition was published by PING'S
PUBLICATIONS, LTD. in 2023 by arrangement with Socym
Co., Ltd. through AMANN CO., LTD.

作　　者—高松智史
譯　　者—陳靖涵
發 行 人—平　雲
出版發行—平安文化有限公司
　　　　　台北市敦化北路 120 巷 50 號
　　　　　電話◎ 02-27168888
　　　　　郵撥帳號◎ 18420815 號
　　　　　皇冠出版社 (香港) 有限公司
　　　　　香港銅鑼灣道 180 號百樂商業中心
　　　　　19 字樓 1903 室
　　　　　電話◎ 2529-1778　傳真◎ 2527-0904
總 編 輯—許婷婷
執行主編—平　靜
責任編輯—陳思宇
美術設計—倪旻鋒、李偉涵
行銷企劃—鄭雅方
著作完成日期— 2023 年
初版一刷日期— 2023 年 12 月
初版二刷日期— 2024 年 02 月
法律顧問—王惠光律師
有著作權 ‧ 翻印必究
如有破損或裝訂錯誤，請寄回本社更換
讀者服務傳真專線◎ 02-27150507
電腦編號◎ 368093
ISBN◎ 978-626-7397-06-0
Printed in Taiwan
本書定價◎新台幣 480 元 / 港幣 160 元

● 皇冠讀樂網：www.crown.com.tw
● 皇冠 Facebook：www.facebook.com/crownbook
● 皇冠 Instagram：www.instagram.com/crownbook1954
● 皇冠蝦皮商城：shopee.tw/crown_tw